奥陌陌
'Oumuamua

2017 已知的第一颗经过
太阳系的星际天体

龙宫
Ryugu

2019 成功从上面带回
小行星物质

欧罗巴
Europa

1977 发现白色地表
1995 发现液态海洋
2016 发现水蒸气羽流

土星
Saturn

泰坦
Titan

1980 发现浓密大气层和甲烷
2005 发现地表水冰

金星
Venus

火星
Mars

2008 发现水冰
2015 发现液态水
2018 发现有机化合物

月球
Moon

2019 发现原生橄榄石

水星
Mercury

1991 发现水冰
2012 确认存在水冰
2019 发现超大储量的水冰

地球
Earth

1984 ALH84001

小行星带
Asteroid belt

木星
Jupiter

2017 探索木星大红斑，发现大蓝点

恩克拉多斯
Enceladus

2005 发现水蒸气羽流和水冰
2014 发现南极的冰下海洋
2018 发现大分子有机物

天王星
Uranus

海王星
Neptune

卡戎
Charon

2015 发现红色极地冰盖

冥王星
Pluto

2015 发现氮冰、甲烷冰、水冰和
巨型冰火山

天涯海角
Ultima Thule

2019 第一个密接双星

柯伊伯带
Kuiper belt

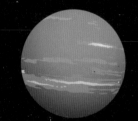

太阳系简史

汪诘 著

浙江教育出版社 · 杭州

前言

天文是科普类节目的一个大题材，我也写过一本讲天文史的作品——《星空的琴弦：天文学史话》，而我的书架上也有很多讲天文的书。我发现，现在一说起天文，大家最关注的似乎都是太阳系以外的事情，例如系外行星、超新星、黑洞、宇宙大爆炸、引力波、暗物质、暗能量等，而我们身处的太阳系好像被遗忘了。我想，可能是因为大家觉得太阳系已经没有太多秘密了。探索太阳系的高峰是四十多年前旅行者号（Voyager）探测器的世纪之旅，时间已经很久远了。所以，一讲太阳系就好像有点炒冷饭的感觉。但是，这真的是一个错觉。真实的情况是，从数量上来说，人类在太阳系内的天文新发现依然有很大优势，而人类对太阳系的探索自旅行者号后从未停止。在最近的 20 年里，我们对太阳系有了很多颠覆性的认知，这中间也发生了很多极为有意思的故事。在准备资料的过程中，我一次又一次地被发生在 20 年之内的一个个科学探索故事深深吸引，太阳系再次向我展现了它令人惊叹的一面。而我对太阳系的认识，也有了重大的升级。

本书的初稿来自我的自媒体电台"科学有故事"，是其中一个系列节目（原名《太阳系新知》）。第一次播出就得到了大量好评，很多听众都留言说对太阳系有了颠覆性的认知。这正是我期待的结果。因为这个节目的好评率超出了预期，我又趁热打铁推出了同名视频节目。为了寻找地球上那些与火星相似的地貌，剧组在甘肃拍摄了大量外景。在撰写视频版《太阳系新知》的剧本的过程中，我又查阅了大量资料，对文稿进行了很多修订，补充了很多新的资料。视频版在 2019 年年底上映后，取得了热烈的反响和几乎一致的好评。于是，我再次拿起笔，开始做第三次修订，这次的目标是要整合以前的口播音频稿和视频版剧本，打造一本可以让您捧起来津津有味地阅读的科普书。

在这本书中，我会为您讲述从 1996 年到 2019 年年底，人类在太阳系中探索的精彩故事。在 20 世纪初，人类对太阳系中存在外星生命充满了信心。那时候，从老百姓到科学家，大多数人都相信太阳系中一定存在外星生命，甚至是外星智慧生命。从 20 世纪 50 年代开始，人类开始发射宇宙探测器，有能力在太阳系中遨游。但令科学家们感到遗憾的是，发射的探测器越多，令人失望的消息也越多，我们的太阳系远没有想象中的美好。除了地球，整个太阳系，从行星到它们的卫星，都是炼狱般的世界。尤其让天文学家们失望的是火星，不但人们一度相信的火星人根本不存在，而且火星世界根本就是一片毫无生机的大戈壁。

经历了以旅行者号探测器为代表的一段宇航黄金时代，大多数人的心目中留下的记忆是：火星上没有生命，整个太阳系都不存在外星生命。然而，进入 21 世纪之后，随着众多火星探测器抵达火星环绕轨道或者登陆火星，天文学家们对火星有了全新的认识，火星存在生命的希望再次在众多天文学家的心中燃起。伟大的卡西尼号（Cassini）则全面刷新了我们对土星（Saturn）系统的认知。谁也没有料到，卡西尼号能带给我们如此多的震惊。假如现在你再去问一位行星学家：太阳系中存在外星生命吗？这位行星学家一定会给你一个充满希望的答案：这真的不好说。

现在就跟着我出发，我们一起去重新认识太阳系！

目录

5 欧罗巴的深渊
-056

1 火星来客艾伦山 84001
-008

6 卡西尼号的远征
-072

2 去火星上找到水
-018

7 恩克拉多斯的喷泉
-086

3 火星甲烷之谜
-032

8 新视野号的三条命
-100

4 火星探索正在进行时
-044

9 重新认识冥王星
-112

10 水星上有水吗?
-126

11 水星身世之谜
-142

12 嫦娥四号在月球的背面
发现了什么?
-154

知识专题 1:
生命指征物质
-066

13 九死一生的隼鸟号
-168

14 隼鸟 2 号的着陆窘旅
-182

15 帕克号的太阳之吻
-196

知识专题 2:
了不起的航天探测器
-220

16 朱诺号在木星上的三大发现
-206

17 与拉玛相会
-242

后记 -254

火星 1 号基地

i

火星来客
艾伦山 84001

我们的故事要从 1996 年 8 月 7 日，美国东部时间下午 1 点 15 分开始。

　　这一天，风和日丽，在白宫的南草坪上，时任美国总统比尔·克林顿（Bill Clinton）面带笑容地走到一个小小的发言台前，从容地拿出讲稿，朝前方看了一眼，然后说："世界上一些最杰出的科学家，经过数年的探索和几个月的深入研究，终于得到了今天这个结果。如果这一发现得到确认，它肯定会成为科学界发现的最令人惊叹的宇宙见解之一。可以想象，它的影响深远，包含的意义令人敬畏。尽管有希望解答人类一些最古老的问题，但它也提出了另外更触及根本的疑问……"

　　克林顿的白宫讲话轰动了全世界。一时间，全球所有主流媒体的头版头条都是关于这项重大新发现的报道。据我所知，这也是美国总统第一次就一个科学新发现给予如此高的重视。著名的美国天文学家卡尔·萨根（Carl Edward Sagan，1934—1996）这样评价："这些发现如果得到证实，将成为人类历史上的一个转折点。"4 个月又 13 天后，卡尔·萨根告别了人世。

　　要想知道克林顿到底宣布了一项什么重大发现，得听我从头跟你讲起。

　　在克林顿白宫讲话的 12 年前，也就是 1984 年的夏天，在美国南极考察站的所在地南极的艾伦山，地质学家罗伯塔·斯科尔（Roberta Score）开着雪橇车在基地附近闲逛。她突然注意到，在前面不远处有一块土豆大小的黑黢黢的石头。

艾伦山 84001

在南极发现的每一块石头都很值钱。因为这片大陆覆盖着几千米厚的冰雪，终年人迹罕至，如果在白茫茫的冰原上发现了一个小黑点，几乎可以肯定那就是一块来自天外的陨石。因此，在南极捡陨石成了各国南极科考队一项重要的日常工作。我国的南极科考队已经捡了1万多块陨石，全世界科考队在南极捡到的陨石总数至少超过4万块。

所以，斯科尔捡到这么一块陨石时并没有怎么激动，她只是按照操作流程将它包好，贴上标签，标签上写着"ALH84001"，其中"ALH"是艾伦山的简称，"84001"表示是1984年发现的第一块陨石。因此，这块陨石的中文名称是"艾伦山84001"。它随后被送到了位于休斯敦的约翰逊航天中心陨石实验室保存。斯科尔当然想不到，12年后，"艾伦山84001"这个名字将出现在全世界各大报纸的头版头条上。

许多陨石内部都包含着极微小的气泡，这些气泡里隐藏着陨石身世的秘密。艾伦山84001在约翰逊陨石实验室静静躺了10年，终于在1994年轮到它接受"体检"。这块陨石就像童话中的灰姑娘一样，因为这次体检而彻底改变了命运。科学家们通过分析陨石中的气泡发现，这块陨石竟然来自火星！它一下子就成了众人瞩目的"火星王子"。当然，仅仅是"火星王子"这个身份，那还远远不值得克林顿发表白宫讲话，这仅仅是一个开端。

你可能会好奇，科学家们凭什么就能肯定它来自火星呢？这就要仰仗 1976 年在火星成功着陆的海盗 1 号（Viking 1）和海盗 2 号（Viking 2）火星探测器的研究成果了。海盗号探测器成功地采集了火星大气的成分，并将数据发回了地球。这些大气成分的数据就成了鉴定陨石身份的关键证据。艾伦山 84001 的气泡数据分析结果与火星大气成分相符，这块陨石极有可能来自火星。要特别说明的是，发现来自火星的陨石并不算是特别重大的发现，因为此前已经发现了很多块，艾伦山 84001 只不过是 12 块来自火星陨石中最古老的一块，它大约有 45 亿岁。

通过放射性同位素年代测定以及其他一些复杂的物理分析，科学家为我们还原了艾伦山 84001 的身世：大约在 1.5 亿年前，火星表面遭受了一次严重的小行星撞击，无数的火星岩石被抛向太空，速度超过了火星的第二宇宙速度[1]。这些被抛向太空的岩石在太阳系中游荡了一亿多年，大约在 1.3 万年前，艾伦山 84001 被地球俘获，坠落在了南极的冰天雪地上，最终被斯科尔捡到。

这简直就是一个传奇啊，不过更传奇的还在后面。艾伦山 84001 被认定是火星来客后，立即引起了许多科学家的兴趣。对于火星陨石，当时科学家们最感兴趣的研究课题是证实火星上存不存在水。1996 年，行星科学家拉尔夫·哈维（Ralph P. Harvey）和地质学家小哈利·麦克斯温（Harry Y. McSween Jr）在《自然》（Nature）杂志上发表了第一篇对艾伦山 84001 的分析论文[2]。不过，这篇论文很遗憾地指出，艾伦山 84001 中包含的是非水生物质。也就是说，这块陨石无法证明火星上曾经存在水，继续研究的价值不大。

《自然》杂志可是最权威的科学期刊之一，假如艾伦山 84001 不是在哈维他

---

1 第二宇宙速度：人造天体无动力脱离地球引力束缚所需的最小速度，若不计空气阻力，它的数值大小为 11.2km/s。

2 Ralph P. Harvey & Harry Y. McSween Jr, *A possible high-temperature origin for the carbonates in the martian meteorite ALH84001*[J], Nature volume 382, pages49 - 51(1996) .

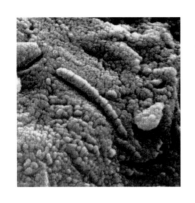

电子显微镜下的艾伦山 84001 内部

们研究的同时，又受到了另外九名科学家的关注，那么很可能就再也不会有后面的故事了。每一个传奇故事的背后都会有一系列的幸运和巧合。

哈维他们的论文发表后，又过了仅仅一个月，美国国家航空航天局（NASA）约翰逊航天中心的天体生物学家大卫·麦凯（David S. McKay）和他领衔的九名科学家小组宣布：在艾伦山 84001 中发现了一种叫多环芳烃（PAHs）的物质，而且可以用生命过程来解释它的存在。这等于宣布了火星在 45 亿年前就很可能出现了生命。更令人震撼的是，他们还公布了一张照片，这是电子显微镜拍摄的陨石内部的高分辨率照片，在这张照片上有一个蚯蚓形状的物质，外形非常像是某种细菌，但它还不到头发丝的 1% 那么粗。

照片一出，天下哗然，有人把它比喻为 20 世纪上天送给人类的最后一份大礼，各种媒体的震惊标题也是满天飞舞，好不热闹。于是，就有了本书开篇提及的那一幕，时任美国总统克林顿在白宫南草坪宣布了这一重大消息，顺带还宣布，美国将在第二年，也就是 1997 年的独立日这一天把人类历史上第一辆火星车送上火星。NASA 没有让克林顿的牛皮吹破，这就是后来成功登陆火星的火星探路者号（Mars Pathfinder，MPF）所携带的火星车。

大卫·麦凯等人轰动全世界的研究成果，在克林顿讲话的 8 天后发表在了另外一本与《自然》齐名的权威科学期刊《科学》（*Science*）上[1]。大家记住，科学界的名言是："非同寻常的主张需要非同寻常的证据。"艾伦山84001中含有疑似火星微生物的遗迹，这百分之百是一个非同寻常的主张，那就需要有非同寻常的证据来证明它。

我们逐一来看一下大卫·麦凯提出的四个证据。

第一个证据：在艾伦山84001中检测出了一种被称为"多环芳烃"的有机化合物，而且他们排除了地球污染的因素。在地球化石中，这种有机化合物一般都与腐坏的生物有关。换句话说，在地球环境中，要产生多环芳烃一般都需要腐化生物的参与。

第二个证据：艾伦山84001中含有某些特定的含铁和含硫矿物的沉积，在地球上，这些矿物可以是某些细菌的代谢产物。

第三个证据：这可能是最有力的一个证据，在艾伦山84001的碳酸盐矿物的边缘聚集着排列有序的磁铁矿，也就是四氧化三铁（Fe_3O_4）晶体微粒。从这些晶粒的大小、形状和精致细节来看，它们与地球上那些能消化磁铁矿的细菌所制造的晶体微粒类似。

第四个证据：这也是最直观、最受媒体欢迎的证据，就是那张电子显微镜拍摄的一个细菌状物质的照片。

单独看这四个证据中的任何一个，都难以构成铁证。例如，多环芳烃并不总是与腐化生物有关，在一些特殊的自然条件下，多环芳烃也能形成。第二个证据与第一个证据面临同样的问题。第三个证据也面临诘难，地球上的微生物制造磁铁矿是为了利用地球的磁场来帮助引导方向，但是，火星的磁场还不到地球磁场的0.2%，微生物凭什么也会演化出生成磁铁矿的能力呢？第四个证据

---

1 David S. McKay, Everett K. Gibson Jr., *Search for Past Life on Mars: Possible Relic Biogenic Activity in Martian Meteorite ALH84001*[J], Science, 16 Aug 1996: Vol. 273, Issue 5277, pp. 924 - 930.

虽然看起来很酷，但火星上的这个微生物也未免太小了吧，只有几纳米大，即便用当今最先进的显微镜也无法看到它们的细胞壁。因此，要认定它们是生物而非恰好是某种天然的形状，实在有点困难。

但如果把这四个证据放在一起，那么用火星微生物来解释就会变得最简单，需要的假设也最少。任何科学结论都需要经过独立第三方的审查，尤其是如此惊人的结论，就更加需要超严格的审查。

在克林顿讲话之后不久，NASA 的时任局长丹尼尔·戈尔丁（Daniel S. Goldin）就邀请了声名卓著的古生物学家 J. 威廉·舍普夫（J. William Schopf）对自家的研究成果进行独立评估。这位舍普夫可谓当仁不让的人选，他发表过多篇重量级的、有关远古地球生命证据的论文。并且，丹尼尔·戈尔丁并没有要求舍普夫亲自对陨石进行研究，只是要求他对已经发表的证据做出独立的评估。

经过仔细而慎重的评估后，舍普夫发表了自己的结论：不能排除艾伦山84001 受到地球环境污染的可能。具体说来，舍普夫认为非生物作用以及艾伦山84001 在南极停留的这 1.3 万年，其受到的地球环境污染都可以留下上面提出的那四个证据。但是，舍普夫也承认，火星微生物也是一种可信的解释。只是目前的资料还不足以清晰地指出哪一种解释才是正确的。

换句话说，火星远古微生物这一解释并没有经受住科学共同体[1]的严苛检验，但这并非盖棺定论，结论并没有被推翻。对于科学家们来说，要想继续给火星微生物假说增加可信度，有两个必须完成的艰巨任务：第一个任务是证明火星至少曾经有水；第二个任务是从火星上带一块确保没有受到地球污染的岩石标本回来。

火星上到底有没有水？破解这个谜团将成为 1996 年后人类探索火星最为主要的目标，没有之一。我们迫切地想知道：火星现在有没有水？过去有没有

---

1 科学共同体（scientific community）：由科学观念相同的科学家组成的集合体，也是科学活动的主体。

水？我和你都是幸运的，因为这个问题现在已经有了确切的答案，而卡尔·萨根先生只能带着强烈的好奇告别人世。

2015年9月25日，星期五，NASA突然发布了一篇新闻稿[1]，内容只有寥寥数语，但是绝对劲爆。新闻稿里说："NASA宣布已经解决了火星的未解之谜，一项重大的科学发现下周将在NASA总部揭晓，我们周一见。"[2] 好一个周一见，吊足了人们的胃口。在我的印象中，NASA还是第一次这么吊人胃口。于是，全世界的科学迷都在热烈地讨论着周一到底要宣布什么重大发现。难道说，NASA在火星表面发现了地外生命？没有什么发现能比这个更重大的了。但是，我当时就觉得不可能，因为有了1996年的那次经验，如果真发现了地外生命，那么召开发布会的应该是白宫而不是NASA，奥巴马肯定不会放过这种青史留名的机会。

令人无比煎熬的三天终于过去了，周一到了，发布会来了。NASA郑重宣布："火星并不是我们预想中的干燥荒芜的星球，在某些条件下，我们在火星上找到了液态水。"[3]

美国《国家地理》（*National Geographic*）杂志在报道时用了"最具权威的、最可靠的"这种字眼[4]。那么，NASA到底找到了什么证据呢？火星上的水到底是怎样被发现的呢？火星上有多少水？这些水都在哪里？

---

1 *NASA to Announce Mars Mystery Solved*, nasa.gov, Sept. 25, 2015.

2 *Is NASA Going to Announce Mars Has Flowing Water? 5 Fast Facts You Need to Know*, heavy.com.

3 参见NASA发布的火星新闻发布会。

4 NADIA DRAKE, *NASA Finds 'Definitive' Liquid Water on Mars*[J], NATIONAL GEOGRAPHIC, Sept. 28, 2015.

火星上诺克提斯迷宫区域

2 去火星上找到水

1996 年，时任美国总统克林顿宣布发现疑似火星微生物遗迹的陨石之时，还宣布要在 1997 年将人类历史上的第一辆火星车送上火星。NASA 没有让克林顿失望。1997 年 7 月 4 日，美国独立日，火星探路者号成功着陆火星。一辆被命名为"旅居者号"（Sojourner）的小小火星车从着陆器上开了出来，火星的戈壁滩在荒凉了几十亿年后，终于迎来了第一个带着目的移动的小东西。这次火星任务的主要目的是验证最新的安全气囊着陆技术。旅居者号的科考能力非常有限，所以它没能给我们带来什么新发现。然而，人类探索火星的热情被探路者号的成功着陆推向了高潮。

　　"去火星上找到水"成了全世界行星科学家和科学爱好者的最大愿望。带着无数人的期望和 NASA 的雄心，1998 年 12 月 11 日，火星气候探测者号（Mars Climate Orbiter）升空，顺利飞向火星。它的目标是在火星的环绕轨道上用遥感技术来寻找火星大气层和地表的水。22 天后，另一个火星探测器火星极地着陆者号（Mars Polar Lander）也成功发射升空，它的目标是登陆火星南极寻找水源。两个火星探测器同时在太空中飞向目标，这让 NASA 从上到下忙得团团转。但所有人都是既辛苦又兴奋，他们对这两个探测器抱着极大的信心。

　　火星气候探测者号经过了 286 天的长途跋涉，终于要进入火星环绕轨道了。

旅居者号火星车

就在这个时候，意外发生了，火星气候探测者号的信号突然消失了。这个打击让 NASA 的专家们措手不及，一阵忙乱之后，最终也没能找回信号，火星气候探测者号消失在了火星的大气层中。

事故原因的分析报告出来后，NASA 局长的鼻子都要被气歪了，这是一次彻彻底底的人为失误。我把原因写出来，估计你都要被气死。原来，这个探测器的飞行系统软件使用的是公制单位牛顿（N）来计算的推进器动力，而地面人员则使用了英制单位磅力（lbf）来设置探测器的方向矫正量，结果导致探测器进入大气层的高度有误，最终瓦解碎裂。你可以想象一下，NASA 局长看到这份报告时候的表情，这个探测器可花了 3 亿 2760 万美元啊，就这样被一个马虎的工程师给彻底毁了。我没有查到那位可怜的工程师最后被怎么样了，估计他这一辈子都不会再搞错单位制式了。这 3 亿多美元的惨痛教训让 NASA 在此后制定了严格的单位制式使用规定。

俗话说，福无双至，祸不单行。两个多月后，所有人都还没有走出火星气候探测者号失败的阴影，几乎是同样的悲剧再度上演。火星极地着陆者号在登陆火星的最后一刻也突然失联，永远失去了信号。NASA 的领导们神经再坚强，也承受不住这样的双重打击。虽然这次事故的准确原因一直没有定论，但审查委员会高度怀疑这也是人为的程序漏洞，导致反推引擎提前关闭，探测器从40米的高空直接摔落，脆弱的电子设备瞬间被摔得稀巴烂。

在不到3个月的时间里，美国人接连失去了两个火星探测器，七八亿美元打了水漂，这让NASA遭到了空前的指责和压力。美国民众纷纷指责宇航局领导不行、管理不行、设计不行，统统都不行。

NASA这次真的是惨到家了，他们从上到下背负着巨大的压力，忍辱负重，咬着牙为下一次火星探测任务忙活着。转眼间，新世纪来临了，人类终于走入了21世纪。2001年来临的时候，所有的科幻迷都期待着能发生点什么跟宇航有关的大事。因为这个年份在每一个科幻迷的心中都有着非常特殊的意义。

1968年，好莱坞传奇导演斯坦利·库布里克（Stanley Kubrick，1928—1999）和科幻三巨头之一的阿瑟·克拉克（Arthur Charles Clarke，1917—2008）合作的科幻电影《2001：太空奥德赛》（*2001: A Space Odyssey*）[1]正式上映，它成了科幻影史上的经典，所有太空科幻迷心中的《圣经》。在这部电影中，克拉克幻想人类在2001年就可以驾驶载人宇宙飞船飞向木星（Jupiter）。一转眼，33年过去了，当人类的历史终于步入2001年，这时候的阿瑟·克拉克已经84岁高龄了。然而令老人失望的是，他所幻想的那个未来并没有到来，人类的宇航技术并没有取得突飞猛进的进展，我们拥有的技术只能向月球以外的行星发射无人探测器。

但是，令老人高兴的是，为了纪念他在30多年前写就的伟大作品，一个火星探测器被命名为"2001火星奥德赛号"（2001 Mars Odyssey）。2001年4月7日，协调世界时[2]15点02分，在著名的美国卡纳维拉尔角空军基地，三角洲2号运载

---

1 又名《2001：太空漫游》。

2 协调世界时（Coordinated Universal Time）：又称世界统一时间、世界标准时间、国际协调时间，简称UTC。协调世界时是以原子时（IAT）秒长为基础，在时刻上尽量接近于世界时（UT）的一种时间计量系统。原子时是以物质的原子内部发射的电磁振荡频率为基准的时间计量系统。世界时即格林尼治平太阳时间，是指格林尼治所在地的标准时间。

科幻作家阿瑟·克拉克

火箭腾空而起，它呼啸着飞出了地球大气层，将探测器送上了飞向火星的霍曼转移轨道[1]，这是从地球到火星的捷径，只需要 6 个月零几天就能抵达火星。

2001 年 10 月 24 日，2001 火星奥德赛号抵达火星环绕轨道，它开始围绕着火星兜圈子。通过推进器的气阻减速，每绕一圈，探测器就会离火星更近一些，就这样一圈一圈地接近火星。到了 2002 年 1 月，气阻减速终于完成，2001 火星奥德赛号抵达预定火星轨道。NASA 所有工作人员总算是长舒了一口气，这个探测器终于成功了。那么，它能否为我们揭开火星水源之谜呢？

2001 火星奥德赛号最大的本事就是从高空拍摄卫星照片，它拍摄了大量的火星地表照片，再次证实了以往的火星探测器的研究成果，火星在历史上肯定存在过大量的水。因为火星表面到处都是流水冲刷过的痕迹，有冰川的遗迹，还有干涸的河床、湖床，甚至是瀑布的痕迹。但这些发现并不能让科学家们感

---

1 霍曼转移轨道（Hohmann Transfer Orbit）：一种变换太空船轨道的方法，通过充分利用星体引力产生的能量，航天器可以实现在不同轨道的转移，途中只需两次引擎推进，相对节省燃料，由德国物理学家瓦尔特·霍曼（Walter Hohmann，1880—1945）提出。

到满意，他们想知道的是，现在还有没有水？

2003 年 7 月，终于有了新发现。

2001 火星奥德赛号上携带的一个设备，叫伽马射线光谱仪（GRS），这个仪器有一个本事，它能侦测到中子（neutron）[1]。科学家们要用这个设备来侦测从火星表面释放出的中子，期待着这些中子能为我们带来火星地表下面的信息。

为了让你能够理解火星奥德赛号的重要发现，我必须花点时间给你讲解一下火星释放出中子的原理。实际上，这些中子产生的原因来自太空。看似空无一物的太空，其实一点都不平静，整个太空中弥漫着来自银河系之外的高能粒子[2]。虽然极为稀薄，但这种高能粒子的能级非常高，我们也形象地把它们称为"宇宙射线"。你可以把它们想象成从银河系之外打过来的微小子弹，它们能跨越数百万甚至上千万光年打到我们的太阳系，它们或许来自超新星，或许来自黑洞的喷流以及人类未知的神秘天体。

在地球上，绝大多数来袭的宇宙射线会击中浓密大气层中的各种物质，顺利抵达地表的数量微乎其微。然而，火星的大气密度不到地球的 1%，所以，相比之下就会有多得多的宇宙射线轰击到火星的表面。这些宇宙射线的能级极高，能穿透到火星地表下数米之深，与地表下的岩石和风化层发生相互作用，制造出一种独特的高能快中子源。

2001 火星奥德赛号原本计划侦测的就是这种从火星地表下数米深处放出的快中子。2001 火星奥德赛号确实侦测到了从地表射出的中子，但令人没有想到的是，其中竟然还含有大量的慢中子。所谓的快中子、慢中子，指的就是这些中子的运动速度。我们打个比方，来自宇宙中的子弹击中岩石后，会溅射出高

---

1 中子：组成原子核的核子之一，是组成原子核构成化学元素不可缺少的成分，但是氕（H，读 piē）原子不含中子。

2 高能粒子（high-energy particle）：指几十吉电子伏以上的粒子，包括电子、质子、介子、中子等，是研究物质结构最有用的工具之一。

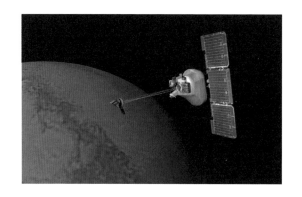

速运动的碎片。如果我们侦测到了高速运动的碎片，说明理论没错，但如果侦测到了运动速度慢很多的碎片，就必须有个合理的解释。

我们先来说一下快中子是如何变成慢中子的。核反应堆能稳定地制造快中子，控制中子流的速度快慢可以通过调节核反应堆的能量输出大小。要达到这个目的，在核反应堆中需要使用慢化剂，原理很简单，就是让快中子反复撞击慢化剂中的原子，从而减速。在核反应堆中最常用的慢化剂有两种，就是石墨（C）和重水（D_2O），真正起作用的是碳原子和氘（D_2，读 dāo）原子，氘原子是氢原子的一种同位素（Isotope）[1]。实际上，普通的水也能起到慢化剂的作用，只是效果没有重水好。

现在，2001 火星奥德赛号侦测到了从火星表面逸出的慢速中子流。这就意味着，在火星地表下一到两米深的地方必然大量存在某种起到慢化剂作用的物质。那么，什么物质既能够大量存在，又能够起到慢化剂的作用呢？最容易想

---

1 同位素：具有相同质子数、不同中子数的同一元素的不同核素。

到的候选物质有两种。第一种就是干冰,这是被冻成固态的二氧化碳(CO_2),含有大量的碳原子,可以作为慢化剂。但是,考虑到干冰稳定存在需要极低的温度,因此,只有在火星两极这样的严寒地区才可能允许干冰大面积存在。在非两极地区,昼夜温差很大,太阳一晒,干冰就挥发了。看来,是干冰的可能性不大。

另一种就是水。当然,限于火星的表面温度,水应该被冻成了冰。水中含有大量的氢原子,可以起到慢化剂的作用。如果这个猜想成立,那么结论就非常惊人了。这说明在火星表面之下,可能存在着一个遍布全行星的固态水库。科学家们做了进一步的计算,假如真的是水在充当慢化剂,那么这些水大约占到了火星表面下数米深度以内总物质质量的14%,而这些冰如果全部融化,足以在火星表面形成一个覆盖全球的14厘米深的海洋!

越是惊人的结论就越是需要惊人的证据,仅仅依靠慢中子流这一项证据显然是不够的,不足以说服科学家们相信这么惊人的结论。但遗憾的是,2001火星奥德赛号的能力也就仅限于此了,它毕竟是一个轨道环绕器,没办法亲自到火星上去刨一个坑看看里面有没有水冰。你看到这里可能以为我是在随手写一句俏皮话,幽默一下。其实不然,要证实2001火星奥德赛号的发现,我们真的需要一个会刨坑的火星探测器。也正是2001火星奥德赛号的这个发现,让NASA下定决心制造一台会刨坑的火星着陆器,看看火星的泥土之下到底有没有水冰。

这就是2008年5月25日在火星北极成功着陆的凤凰号(Phoenix)火星探测器,它将给全世界的火星迷带来一个大大的惊喜。凤凰号的外形就像一只张开翅膀的大鸟,它有一根带铲子的机械臂,可以把火星上的土壤铲到一个叫作TEGA的分析仪器中,这也是凤凰号携带的最重要的仪器,中文全称是:热与蒸发气体分析仪。就在凤凰号开始工作的二十多天后,大事件发生了。

2008年6月19日,NASA公布了两张重磅照片,一时间轰动了全世界。第一张照片是凤凰号在第20个火星日拍摄的,照片上是凤凰号的铲子在火星地表土壤中挖出的一个沟槽,很浅,最多也就十几厘米深。NASA的科学家很有意

凤凰号火星探测器

思，他们还给这个沟槽起了个名字——渡渡鸟-金凤花，以此来纪念火星上的第一个人造沟槽。在这个沟槽中，我们可以非常明显地看到一些白色的物质。第二张照片依然是这个沟槽，但时间是第24个火星日，那些白色物质的面积明显缩小了。首先，这些白色物质不可能是干冰，因为凤凰号所在区域的地表温度是 -90℃至 -20℃，远高于干冰需要的 -120℃的低温。你想想，在零下几十摄氏度的温度下，白色、会挥发，除了水冰，实在想不到其他东西能解释了。因此，这两张照片一公布，立即轰动了全世界。我第一次看到这两张照片时，想象着这可是在距离地球几亿千米的外星球啊，太令人神往了。

凤凰号只是随便这么浅浅地一铲子下去，就挖出了这么大一块冰，这说明火星的土壤中确实如2001火星奥德赛号预言的那样，含有极其巨量的冰。不过，仅仅凭这两张照片，还不能说是掌握了确凿的证据，真正让人无法反驳的证据是实实在在的化学数据分析。凤凰号有这个能力，它可以把铲出来的土倒入TEGA中进行加热再分析成分。

这份土壤样本的分析数据是这样的：在加热到0℃时，检测到了水蒸气。这就是火星水冰的实锤证据，铁证如山了。你可能会奇怪，0℃时难道不应该是冰融化成水吗？在地球上是这样。但是在火星上，大气压还不到地球的1%，气压

凤凰号在火星上挖出的沟槽
左图：第 20 个火星日
右图：第 24 个火星日

越低，水的沸点就越低。所以，火星上的冰直接就从固态加热成气态了。

2008 年 7 月 31 日，NASA 召开了新闻发布会，宣布了凤凰号的重大发现。来自亚利桑那大学的 TEGA 首席科学家威廉·博因顿（William Boynton）非常幽默地说："嗯，宣布这个消息我很开心，我们已经把一块冰的样本放入了 TEGA。昨天我们发现成功了，真是大喜过望啊，大家纷纷开香槟庆祝。我们等待这一时刻已经很久了。当然，众所周知，奥德赛号的伽马射线光谱仪 6 年前就发现了这块冰，但现在我们终于摸到它，还尝了一口，在这之前可没人做到。我要声明啊，从我的角度来说，这味道真不赖。我很高兴有机会参与整个过程。"

6 年前，2001 火星奥德赛号非同寻常的预言终于有了非同寻常的证据，凤凰号的研究成果也发表在了当年的《科学》杂志上。自从凤凰号证实了火星地表下的那些白色物质确实是水冰后，我们就能通过火星上空的轨道卫星发现更多的证据互相印证。例如，火星每年都会受到小陨石撞击，在拍摄到的新陨石坑的照片中总能发现亮晶晶的白色物质，几天或者几周后它们就会消失，这些都是货真价实的水冰。

火星上水冰的储量很大，在电影《火星救援》（The Martian）里，男主角费尽心思冒着爆炸的风险燃烧氢气来生成水，那也许是为了电影的剧情需要。但未来的火星基地理应建立在富含地下冰的区域，这样一来，需要水时只要到外面去挖冰就可以了，一铲子下去就能挖到大块大块的冰。就算挖不到大块的冰，直接加热火星的土壤也能得到水。

通过轨道卫星对火星全球的遥感分析[1]，我们发现在火星极地干冰盖的下面，也储藏着大量的水冰。现在，科学家们相信，整个火星的水储量足以用30米的深度覆盖整个星球。在远古时代，火星曾经拥有深达500米的海洋。

然而，证实火星上存在水冰不但没有满足我们对火星的好奇心，反而更加激发了我们对火星的好奇心。我们迫切地想知道：火星上有没有可能存在液态水呢？

2015年9月28日，NASA宣布在火星上发现了流动的液态水的确凿证据。

NASA公布的证据是：通过火星探测轨道器上的成像光谱仪，研究人员在火星山坡表面找到了水化[2]矿物的痕迹，从这些斜坡表面能看到一些神秘的条状纹路。在温度比较高的时候，这些条状纹路的颜色会变深，似乎是随着陡峭的山坡往下流；在温度较低的时候，这些条状纹路的颜色会变浅[3]。温度超过−23℃时，它们会出现在火星上的不同位置，而温度更低时，它们就消失了。含水的盐会降低盐水的冰点，就像在地球上，我们往道路上撒盐，冰雪会融化得更快。科学家们表示，这可能是因为浅层的地下水在流动，只有足够的水慢慢流向表面才能解释条纹的变深。他们所说的水指的是高浓度的盐水。

讲到这里，我们可以为火星上的水之谜结案了，结论就是：火星上拥有非常丰富的水资源，液态、固态和气态三种形态的水在火星上都存在，未来的火星殖民者不必为水发愁。

---

1 遥感分析（remote sensing analysis）：指运用遥感技术对地表进行探索并从中提取有用信息的现代地理学研究方法。遥感技术是从不同高度的平台，使用传感器收集地物的电磁波信息，再将这些信息传输到地面并加以处理，从而达到对地物的识别与检测的全过程。

2 水化（hydration）：物质与水发生化合叫水化作用，又称水合作用，一般指分子或离子的水合作用。

3 *NASA Confirms Evidence That Liquid Flows on Today's Mars*, nasa.com, Sept. 28, 2015.

凤凰号仅仅是拉开了对火星实地考察的序幕，5 年后，火星将再次迎来一位重量级的地球来客，而它将带来一些令科学家们备感错愕和浮想联翩的新发现。它是谁？它的新发现是什么？请看下一章。

好奇号着陆火星

3

火星
甲烷之谜

地球和火星都在围绕着太阳公转，两者的公转周期不同，每隔 26 个月，火星与地球的距离相对最近。因此，从地球前往火星，每两年多才有一次最佳的发射窗口期。这时候发射，最节省燃料和飞行时间，所以，几乎所有的火星探测器都会选择在这个窗口期发射（事实上，我没找到例外，但为了保险起见，还是加上"几乎"两个字吧）。利用这个窗口期发射的探测器的飞行轨道被称为"霍曼轨道"，这条轨道是德国物理学家瓦尔特·霍曼在 1925 年首先提出来的，因此以他的名字命名。

2011 年 11 月 26 日，协调世界时 15 点 02 分，在美国的卡纳维拉尔角空军基地，阿特拉斯 5 号火箭载着好奇号（Curiosity）火星探测器发射升空。

几分钟后，一级火箭分离，不到 10 分钟，火箭便冲出了地球大气层。二级火箭开始做姿态调整，将探测器精确地推入霍曼轨道。随后，二级火箭分离，一个圆环状的巡航级火箭载着火星着陆器奔向火星。经过 8 个半月的长途跋涉，巡航级火箭终于与火星会合。在进入火星大气层前，巡航级火箭与着陆器分离。着陆器稍微调整了一下姿态，并抛掉了两块用于配重的金属块，使得着陆器的重心得以改变，它一头扎向火星的大气层，开始了被称为"恐怖七分钟"的着陆之旅。

阿特拉斯 5 号火箭

着陆器与火星大气发生剧烈的摩擦，尽管火星大气密度只有地球大气密度的 1%，但是剧烈摩擦产生的热量依然把着陆器的外皮烧得乌黑。几分钟后，着陆器便抵达了距离火星地表 11 千米的上空，一个硕大无比的减速伞张开，巨大的伞面兜住了稀薄的火星大气，控制了着陆器的下降速度。几分钟后，着陆器的前盖被抛弃，露出了着陆器腹中的好奇号火星车。在距离火星地表大约 1.6 千米的高空，着陆火星的关键设备——天空起重机——从着陆器中分离出来，这是一个绑着好奇号火星车的小型反推火箭，它就像一只长着四只脚的甲壳虫，有 8 个反推发动机，怀里抱着火星车。"甲壳虫"的四只脚喷出耀眼的火焰，伴随着巨大的轰鸣声，缓慢而平稳地朝着火星的地表降落。这时候，反推火箭的无数传感器开始工作，计算机系统高速处理着火星地面图像，天空起重机一边下降，一边调整着降落地点。锁定降落地点之后，好奇号火星车与天空起重机分离，它们之间有几根缆绳拴着。天空起重机的下降速度越来越慢，一点一点地将火星车平稳地放到地面上。当好奇号火星车的 6 个轮子着地后，反推火箭与火星车之间的缆绳自动切断。在缆绳切断的瞬间，反推发动机的推力没有改变，但总重量突然减小，于是天空起重机再次升高，并远远地飞离火星车，以免掉下来砸坏好奇号。

2012 年 8 月 6 日，协调世界时 5 点 17 分，好奇号火星车成功在火星盖尔陨石坑（Gale Crater）着陆，它的着陆地点与预定地点仅仅相差 2.4 千米，要知道，它可是飞行了 5.6 亿千米才抵达的火星。你可以把这个难度想象成隔着太平洋打高尔夫球一杆进洞，简直令人叹为观止。好奇号是人类的第七个火星着陆器，也是第四台火星车。它的身躯要比它的前辈们大得多，长宽都将近 3 米，高度也达到了 2.2 米，比一辆小型厢式货车小不了多少。好奇号携带的仪器设备更是前辈们望尘莫及的，它最重要的目标就是寻找火星生命存在的证据。那么，好奇号有什么新型武器？它又是如何寻找火星生命的呢？

好奇号是一辆可以移动的火星车，17 个不同用途的摄像头安装在好奇号的"长脖子"以及身体上，让它就像长了眼睛，可以细致地观察火星世界。假如火星上有一些小动物在它面前爬过，哪怕只有蚂蚁那么大，也逃不过它的大眼睛。当然，肉眼可见的火星动物显然是一种奢望，科学家们也没指望能拍到这种级别的火星生命。

好奇号有一项独门绝技，它的长脖子能射出一种红外激光，就好像双眼能射激光的超人一样。这种激光产生的高温，能把目标岩石的一小块区域蒸发汽化，通过检查汽化后的光谱特征来分析目标岩石的元素组成。这还没完，如果觉得有必要，它还可以进一步对目标岩石进行钻探，把得到的岩石粉末通过其携带的质谱仪进行更详细的分析。

好奇号携带的三种主要仪器是四极杆质谱仪（QMS）、气相色谱仪（GC）和

好奇号火星车

可调谐激光光谱仪（TLS）。这些顶级装备使得好奇号就像一个流动的无人实验室，不仅能分析火星土壤、岩石的化学成分，更厉害的是，它还能以极高的精度分析火星大气的化学成分。而4个多月后，正是由于对火星大气成分的精确分析，好奇号带来了一个出人意料的重大发现。

在好奇号的所有使命中，有一项备受关注，就是分析火星大气中有没有甲烷（CH_4）气体。为什么这个任务如此重要呢？让我们先来认识一下甲烷。很可能你家里就有这种气体，如果你家的厨房使用的是天然气的话。天然气的主要成分就是甲烷，天然气还有另外一个你更熟悉的别名——瓦斯。甲烷是最简单的有机物，除了天然气，沼气、矿井中的坑气的主要成分也是甲烷。

在地球上，产生甲烷的最主要途径就是微生物分解复杂有机物。注意到没有，在自然环境下，甲烷往往与生命联系在一起。虽说甲烷并不是只能靠生命参与产生，自然界中的其他化学反应也能产生甲烷，但产生的效率远远没有微生物的效率高。所以，甲烷在行星科学中，被认为是一颗行星的生命指征物质，或者说是生命在大气中留下的印记。另外还有一种生命指征物质就是你我熟知的氧气（O_2），在地球的自然环境中要产生氧气，目前我们知道的途径就是生命的光合作用。

氧气和甲烷之所以被当作生命指征物质还有另外一个很重要的原因，就是这两种物质的化学性质都不稳定，都很容易被自然环境所吞噬，也就是与其他物质发生化学反应而消失。因此，地球大气层中浓度稳定的氧气和甲烷完美地说明了地球上有大量活着的生命，它们在源源不断地产生氧气和甲烷，使大气中的氧气和甲烷的浓度维持恒定。

假如地球上的生命全部在今天灭绝，那么，地球大气层中的氧气会在200万年内消失殆尽，全部与其他物质发生氧化反应。而甲烷比氧气短命得多，仅仅需要12年左右，大气层中的所有甲烷都会被吞噬。从这个意义上来说，尽管地球大气层中的甲烷浓度远远低于氧气的浓度，但是，甲烷反而是更显著的生命指征物质。如果外星人有能力持续观察地球大气层中的甲烷浓度，那么用不了几周，它们就能做出"地球上极有可能存在生命"的预言。

早在2004年3月30日，欧洲航天局（European Space Agency，ESA）的火星快车号（Mars Express）轨道探测器科研小组就宣布，这个探测器的摄谱仪[1]在火星大气层中发现了甲烷。这在当年也是一个大新闻，基于刚才的理由，发现甲烷对于寻找外星生命的行星科学家来说可是巨大的鼓舞。但是，火星快车号报告的甲烷含量极低，只有大约十亿分之一，这个浓度低到足以让科学界怀疑是不是误报，再加上孤证不立，仅有火星快车号的这一个证据，很难让科学界信服。

到了2009年，NASA资深科学家迈克尔·姆玛（Michael J. Mumma）领导的小组宣布，他们利用地面望远镜观测到了火星上的某处正在释放出大量的甲烷。但姆玛的证据也未能得到科学界的公认，证据还是不够充分。

火星上到底有没有甲烷？这成了有关火星的众多未解之谜中最令人着迷的

---

1 摄谱仪（spectrograph）：可将进入光线分离成频谱的仪器。

一个。就是在这样的背景下，好奇号带着全世界最先进的质谱仪[1]踏上了火星的茫茫戈壁，科学家们期待着好奇号揭开火星甲烷之谜。

据好奇号报告，在 2013 年 12 月到 2014 年 1 月，它测到了大气中甲烷浓度的一个峰值，尽管这个峰值也只有一亿分之几，但是与之前的两次报告相比，它已经足够惊人了，是之前报告的十倍，这立即引起了科学家们的极大兴趣。在随后的测量中，科学家们又惊讶地发现，升高的甲烷浓度保持了大约 2 个月，然后急剧下降。这个发现轰动了全世界，马上就有行星科学家猜测，或许这是因为某种火星微生物的季节性繁盛导致的。但也有科学家提出，这或许是一次意外的火山活动排出了大量的甲烷。但即便是由火山活动引起的，也足以载入火星研究的历史，因为此前科学家们认为火星上的火山活动在几亿年前就已经全部停止了，火星早已是一颗死星了。

就在好奇号的重大发现让行星科学家们激动难眠之时，突然传来了一个坏消息。很不幸，在好奇号发射之前，地球大气中的甲烷气体污染了用于侦测火星大气甲烷的一个激光分析仪，同时，好奇号携带的一些化学物质的缓慢分解又增加了一些甲烷。分析团队了解了这个情况，他们为消除测量误差付出了巨大的努力。最终，他们宣布，好奇号测量出的火星大气中的甲烷浓度数值是可靠的，但是，那个高出十倍的短期甲烷浓度峰值的来源仍然需要严密审查。

那么，我们是不是能以此肯定火星大气中存在甲烷呢？毕竟已经有了三次独立的报告，它们分别是 2004 年的火星快车号、2009 年的姆玛团队和 2014 年的好奇号。很遗憾，证据依然不够充分，对于如此重大的结论，科学界必须用最为严苛的标准来审查。为了彻底解开火星甲烷之谜，也为了解开火星生命之谜，欧洲航天局（简称"欧空局"）和俄罗斯联邦航天局（Russian Federal Space

---

1 质谱仪（mass spectrograph）：根据带电粒子在电磁场中能够偏转的原理，按物质原子、分子或分子碎片的质量差异进行分离和检测物质组成的一类仪器。

Agency，RKA）联手制订了一项雄心勃勃的计划，这个计划简称为"ExoMars"，这里的"Exo"表示外星生命的意思，因此我把这个任务的名称翻译为"寻找火星生命"计划。这个计划分为两部分：第一部分于 2016 年发射火箭，目标是将一个火星轨道探测器送入火星环绕轨道，同时将一个着陆器送上火星地表；第二部分将于 2020 年启动，目标是将一辆火星车成功地送到火星地表。这个计划中的火星轨道探测器名为"微量气体轨道探测器"，简称为 TGO。你听这个名称就知道了，它的目标非常明确，就是要解开火星甲烷之谜。为了确保探测结果可靠，它搭载了两个独立的分光仪[1]，一个由比利时制造，另一个由俄罗斯制造，它们都可以探测到十万亿分之一以下浓度的甲烷。两个分光仪独立工作，交叉比对，可谓是双保险。

2016 年 3 月 14 日，搭载着 TGO 和火星着陆器的质子 -M 重型运载火箭在拜科努尔航天发射场升空。估计大家跟我一样，总是看到美国的火箭型号和发射场地的名称，什么德尔塔三角洲、阿特拉斯宇宙神等，还有卡纳维拉尔角空军基地也是常常碰到的，不认识都难，偶尔能看到一些非美国的火箭型号和发射场的名称，还会有一些小陌生呢。实际上，这个位于哈萨克斯坦境内、隶属于俄罗斯的拜科努尔航天发射场才是世界上第一座，且到目前为止依然是世界规模最大的航天发射中心，它创造了人类航天史上的许多个第一。

2016 年 10 月，TGO 成功进入火星环绕轨道，但试验性质的火星着陆器在最后时刻没有安全着陆火星，而是摔坏了。不过，欧空局依然宣布着陆器取得了成功，因为它已经完成了最重要的目标，就是测试着陆系统并且在下降期间返回数据。

经过一番调试，TGO 开始工作。所有关心火星甲烷之谜的科学家和科学爱好者都在焦急地等待着 TGO 的观测结果，人人都希望 TGO 能为我们一锤

---

1 分光仪（spectrometer）：又称分光计，是用来准确测量光线偏折角度的仪器。

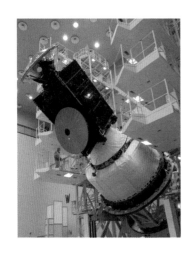

微量气体轨道探测器

定音，可是这一等就是两年多。终于，2018 年 12 月 12 日，美国地球物理学会（American Geophysical Union，AGU）半年会议在华盛顿哥伦比亚特区召开，TGO 的研究团队出席了这次会议，并做了现场报告，所有人都伸长了脖子期待着 TGO 的好消息，他们中的大多数人都对火星存在甲烷充满了信心。好奇号负责甲烷探测的首席科学家克里斯·韦伯斯特（Chris Webster）甚至预测 TGO 至少能探测到十亿分之一左右的甲烷浓度。

然而，这个世界总是喜欢给我们制造意外。首席研究员万代尔（A.C. Vandaele）略带失望地说道："虽然还有一些噪声要处理，但我们已经知道，我们看不到任何甲烷了。"研究小组的初步观测结果显示，在低至五十万亿分之一的水平仍然没有发现甲烷，而他们的观测几乎一路下降到火星表面。听到这个结果后，韦伯斯特十分惊讶，但是他马上表示："我们花了 6 个月的时间检测甲烷峰值，并且花了数年的时间才发现了甲烷浓度的季节性变化，我们的结论也不能被轻易否定，TGO 只是还需要更多的时间。"

关于火星大气中到底有没有甲烷的争论还在持续升温。到了 2019 年 4 月 1

日，英国《自然》杂志的子刊《地球科学》（*Earth Science*）发表了欧空局的一篇报告，这篇报告支持好奇号的结论。欧空局控制的火星快车号于2013年6月16日在盖尔陨石坑，也就是好奇号着陆点附近的火星大气层中检测到了甲烷。而当年好奇号颇有争议的甲烷探测，正好发生在此次测量的前一天。欧空局的团队通过数值建模和地质分析方式对甲烷的潜在来源进行调查后发现，可能是盖尔陨石坑附近的一处断层区域发生的短暂性事件，释放出甲烷并进入了火星大气层，之后被好奇号探测到。换句话说，这篇论文明确支持火星大气中存在甲烷。

有意思的是，9天之后，也就是2019年4月10日，《自然》杂志同时发表了两篇火星研究论文，论文的作者正是"寻找火星生命"计划的研究团队，其中一篇论文正式公布了TGO的初期观测结果，结论很明确：没有在火星上发现甲烷。

火星甲烷之谜再次陷入扑朔迷离，而现在阅读本书的读者，你我都正身处这个谜题之中，一切都还是正在进行时。

到这里，你可不要以为好奇号带给人类的惊奇仅仅是火星甲烷之谜。好奇号自2012年登陆火星至今，依然在服役，从它那里传回来的有关火星的新发现从来就没有中断过。而2018年11月26日，美国人又把洞察号（InSight）火星探测器成功送到了埃律西昂平原（Elysium Planitia）。好奇号和洞察号都有什么样的新发现呢？请看下一章。

火星探索
正在进行时

好奇号火星车自 2012 年踏上火星的盖尔陨石坑，至今依然在服役。它在推特上的官方账号保持着很活跃的状态，时不时就会发布一条新的消息。截至我写稿的时候，最新一条消息是 2019 年 5 月 22 日发布的，内容是："你知道吗，我有一个气象站。今天给你们带来了一个 NASA 讲解太阳系中极端气候的视频，它会让你理解这些知识如何帮助我们认识地球上的气候。"

好奇号在服役的这七八年中，几乎每年都会给我们带来一些重要的新发现。下面让我来替大家盘点一下，除了火星甲烷，好奇号还有哪些值得一说的重要发现。

大家别忘了，好奇号是一辆火星车，也就是说，它可以在火星上漫游。2015 年 4 月到 2015 年 11 月，它在火星上一个叫作夏普山（Mount Sharp）的地方行进。

研究人员惊讶地发现，这个区域的二氧化硅（SiO_2）富集度要明显高于其他它拜访过的区域。在这片区域的某些岩石中，二氧化硅的含量甚至高达 90%。这能说明什么呢？二氧化硅这种物质在地球上太多了，我们随手抓起一把沙子，里面就有大量的二氧化硅。把二氧化硅和其他化合物一起烧化了，再凝结起来，就是我们常见的玻璃，而只含二氧化硅的玻璃就是石英玻璃。但是请大家注意，让二氧化硅在自然条件下富集起来，我们已知的两种方式要么需要大量水的参与，要么需要火山活动的参与。

火星地貌

  在夏普山地区发现的二氧化硅富集现象的原因是什么呢？最有可能的情况是火星历史上有过大量的地表水或者活跃的火山活动，当然，也不能完全排除火星有一些独特的自然现象导致了二氧化硅的富集。总之，这是一个很有意思的发现。洛斯阿拉莫斯国家实验室（Los Alamos National Laboratory，LANL）金斯·弗莱登万（Jens Frydenvang）对此评论说："高度富集的二氧化硅是个惊喜——它非常有趣，因此我们又返回这里，使用好奇号的更多仪器来研究它。"

  因为这个意外发现，好奇号便在夏普山地区停了下来，以便做更进一步的分析研究，弄清楚这些二氧化硅到底是通过什么方式富集起来的。这一研究就是半年多，到了2016年6月，研究终于取得了关键性的进展。

  好奇号在这个地区的岩石中发现了一种叫作磷石英的物质，这是一种在高温（通常需要870℃以上）以及低压环境下形成的二氧化硅晶体，是火山岩中特有的矿物。这一发现让科学家们不得不重新思考火星的地质历史。

  过去我们一直认为，火星的地质历史与地球相比是非常平淡的，因为火星上没有板块运动，所以也不太可能存在大地震和爆发性的火山。目前我们已知的所有火星火山证据都表明，火星上的火山岩石都是地壳下面的岩浆通过断裂处流出后冷却形成的。换句话说，这种火山是一种很平稳的火山，不像大家脑海中浮现的那种剧烈喷发的火山。地球上的夏威夷火山就是这样的，常年有岩浆流出，但是不剧烈，经常有胆子很大的探险者把看岩浆当成一项旅游活动。

但是，磷石英的发现却让科学家们不得不重新思考这一旧有的认知是否正确。这种矿物的存在或许可以证明，在远古时期，火星上也存在剧烈的火山爆发现象。这个研究成果发表在 2016 年 6 月的《美国国家科学院院刊》（PNAS）上。如果这是真的，那么新的问题又来了。科学研究总是这样，按下葫芦浮起瓢。新的问题是，在没有板块构造的情况下，剧烈喷发的火山是怎么形成的呢？这些问题又给行星科学家们长长的研究清单上增添了好几个问题。

磷石英的发现把火星的地质历史推向了两种可能性：可能性一，火星有过剧烈的火山爆发，但科学家必须解释像火星这样没有板块构造的行星是怎么产生这种火山的；可能性二，维持原判，火星历史上没有剧烈的火山爆发，但科学家们必须解释磷石英的来源。到目前为止，我们还没有答案，你不觉得当你了解了这些背景知识，再去关注来自 NASA 的消息，就很像追美剧吗？实际上，我看这些来自科学界的最新消息，还真的是很有追美剧的感觉。我偶尔会第一时间看到某个谜题被破解，就迫不及待地到处出"剧透"。和美剧"剧透党"的区别在于，那个遭人恨，但我这种剧透遭人爱。

好奇号几乎每年都有重大的新发现。2017 年 9 月，《地球物理通讯》（Geophysical Research Letters，GRL）杂志刊登了一篇论文[1]，好奇号在火星上发现了硼（B）元素。为什么我要提这个发现呢？

---

1 *Discovery of boron on Mars adds to evidence for habitability*, phys.org, Sept. 5, 2017.

我引用论文的第一作者帕特里克·盖思达博士（Dr. Patrick Gasda）的话来回答这个问题："因为硼酸盐在合成核糖核酸（RNA）的过程中发挥着至关重要的作用，在火星上发现硼进一步证明了该星球出现过生命的可能性。硼酸盐是从简单的有机分子到 RNA 的桥梁，而没有 RNA 就不会有地球生命。硼的存在告诉我们：如果有机物存在于火星上，那么合成 RNA 的化学反应就可能发生。"

熟悉生命科学的读者可能知道，在生命科学中一度存在一个非常著名的悖论，那就是"DNA- 蛋白质悖论"。也就是说，科学家们发现蛋白质的合成离不开 DNA，而 DNA 的生成又需要蛋白质，这很像是蛋生鸡还是鸡生蛋的悖论。直到 RNA 被发现，这个悖论才算是解决了。RNA 存在于已知的所有生命体中，无一例外，而 RNA 的形成离不开一种关键性的元素——硼。如果没有了硼元素，那么 RNA 就不可能在水中稳定地存在，而会像白糖一样遇水就溶解了。

我这样一解释，你应该就明白了，为什么在火星上发现硼元素那么重要。假如没有硼元素，我们就没法指望在火星上发现我们已知的地球生命形式，只能指望生命以非核糖核酸的形式从自然界中演化出来。现在，好奇号终于在一条硫酸钙矿脉中发现了硼元素。这让许多行星科学家松了一口气。这下好了，生命需要的一种至关重要的元素在火星上也不缺。所以，盖思达博士在接受采访的时候兴奋地说："从本质上，这告诉我们，古老的火星上就可能已经存在生命了。"作为科学家，没有一点依据，是不敢说这么大胆的话的。现在科学家们最感兴趣的是：数十亿年前，火星上的湖泊和潮湿的地下环境里到底发生了什么样的改变，影响到了那些本适合孕育微生物的环境。

当然，关于火星上是否存在或者曾经存在生命，依然是个未解之谜，但我们正在一点点地接近这个谜题的答案。我有充分的信心，在我有生之年，能够看到这个谜题的破解。这不，在硼元素发现之后还不到一年，2018 年 6 月，NASA 召开新闻发布会，宣布了好奇号的又一项重大发现。

2018 年 6 月 7 日，NASA 下属的戈达德航天中心（Goddard Space Flight

Center，GSFC）和喷气推进实验室（Jet Propulsion Laboratory，JPL）召开联合新闻发布会。戈达德航天中心的太阳系探索部主任保罗·迈哈飞（Paul Mahaffy）说："这是非常激动人心的时刻。在地球上，有机化合物承载着众多生命的印记，以至于我们很自然地把在火星上发现有机物等同于找到了生命，但这并不是我们这次发现中最重要的一点。真正重要的是，我们大大地扩展了搜寻有机物的能力，这将最终成为我们寻找生命的基础。有趣的是，两个发现成果可以说是互补的。一个成果是发现了数十亿年前的有机物，它就深藏在一个古老湖泊的岩石中；另一个成果是大气中最简单的有机物甲烷。"

我说过，好奇号有一个很厉害的本事，就是可以钻探。当它的钻头仅仅钻到一块大约35亿年前的细粒沉积岩的5厘米深时，就发现了三种不同的有机分子，这是一个绝对值得召开新闻发布会的重大发现。它让我们对火星远古生命的信心又增加了一分。正如迈哈飞所说："有机化合物是生命的基础，对寻找生命至关重要。"看到这里，你有没有感受到火星生命正在向我们走来？

这一章的初稿写作时间是2019年5月，那么后来好奇号又有一些什么样的新发现呢？我把好奇号之后发布的所有消息重温了一遍，内容真是丰富。有高清版的火星鹅卵石照片，有好奇号给自己钻的洞拍的照片，还有好奇号拍摄到的火星上的日食现象。大家知道火星也有卫星，不过比月球小多了，所以火星上的日食看上去就像是大号版的金星凌日，你可以清晰地看到火星的"月亮"是一个不规则的圆形，像煤球一样。在2019年4月10日首张黑洞照片公布的那天，好奇号也转发了这张照片，还调皮地配了一句话："这不是甜甜圈，也不是索伦之眼，这是第一张黑洞的照片。"索伦就是电影《魔戒》中的那个大反派。

好奇号就先说到这里，接下来我们来说美国发射的一个火星探测器洞察号，它的英文名是"InSight"。但我觉得中文译名非常贴切，这个火星探测器的确是在火星上先打一个深深的洞，然后再观察火星地表以下的情况。它能打多深的洞呢？5米深！而好奇号只能打大约5厘米深的洞，差了100倍。所以，洞察

洞察号火星探测器

号打出来的洞才是一个真正的洞。

2018 年 11 月 26 日，洞察号成功着陆火星。5 天之后，洞察号就传回了火星上的"风声"。它并不是来自火星风本身，而是火星上的风吹过洞察号巨大的太阳能电池板发出的振动声。

洞察号上最重要的一个仪器是地震仪，它被放置在火星深深的地表之下，通过探测"火星震"的轰鸣声来揭示火星内部的信息。2019 年 2 月，地震仪首次探测到了火星上微小的震颤，但这种震颤不一定是来自火星内部的。在地球上，这样的微震无处不在，主要是由风暴和潮汐引起的。但是火星上没有潮汐，所以地震仪探测到的这种微震很有可能也是来自火星上的风。这些风从火星表面掠过的时候，就会在地表产生浅浅的长周期波，这种波被称为瑞利波（Rayleigh wave）。

不过，洞察号探测到的火星微震还是让科学家们很开心。这说明洞察号上的地震仪一切正常，没有损坏，光是这一点就足以让人欣慰了。接下来，洞察号要做的只是静静地等待，等待着真正的火星地震的到来。我们还需要一些耐心，我每天都在期待着它的好消息。如果你们想第一时间得知洞察号的最新消息，可以关注洞察号的官方推特，在那里总能得到最及时的消息。

火星船票

2020 年是火星探测的一个大年,好几个火星探测器都在这一年扎堆发射。7月 21 日,阿拉伯联合酋长国的"希望号"(UAE Hope)火星探测器发射成功,预计 2021 年 2 月抵达火星。2020 年 7 月 23 日,我国的天问一号火星探测器成功发射。7 月 30 日,美国的火星 2020(Mars 2020)成功发射。

其中火星 2020 计划最受瞩目,被看成是好奇号的 2.0 版——各方面能力都比好奇号更强的火星车,而它的任务目标非常明确:继续寻找火星生命。

非常有意思的是,火星 2020 计划还有一个全世界任何人都可以参与的活动,它会把你的名字带到火星上。如果你现在去关注好奇号或者洞察号的官方推特,或许还能在推文里找到这个广告。任何人都可以通过 NASA 的官网登记自己的名字,然后,你就会得到一张前往火星的船票,弄得跟真的一样,还有条形码呢。

你还别以为这只是小孩子过家家一样的游戏,它可是真的。NASA 会把所有在官网登记的姓名用最先进的电子束光刻技术刻到直径只有几毫米的芯片上,然后贴在火星车的外壳上，让火星车带着你的名字漫游火星世界。这种事情其实已经发生过一次了，洞察号就携带着两枚这样的芯片，上面刻着 240 多万个名字，包括约 26 万个中国人的名字。[1] 可以说，NASA 为了引起大众对太空探索的关注，那是频出奇招啊。

关于火星的新知，我都讲完了。但这本书还远没有结束，因为最近这 20 年，太阳系中发生了太多令人激动的新闻。2016 年 9 月 25 日，又是美国一个普通的星期天，NASA 的官方推特上冷不丁地放出一个大消息："星期一，我们将宣布一个来自木卫二欧罗巴的新闻。"怎么样，耳熟吗？ NASA 显然是为了纪念一年前，也就是 2015 年 9 月 25 日那次首个吊足人胃口的"周一见"。忘记的话，去重温一下本书第 1 章和第 2 章的结尾部分。不过，这次 NASA 还很调皮地补充了一句："剧透警告：不是关于外星人的。"

NASA 这次到底宣布了什么新闻呢？

---

1 如果你也想让自己的名字被送上火星，你可以到"科学有故事"的微信公众号中回复关键词"船票"，就可以得到登记姓名的网址了。中英文我都试过，均可以。

木星与欧罗巴

5

欧罗巴的
深渊

一个科普创作者必须把一样东西看作命根子，这样东西就是信源。对于科普创作而言，信源有广义和狭义两个概念。广义的信源就是信息的来源，我们在日常口语交流中一般都是指这个含义。而狭义的信源，也就是准确的概念，是指：数据、观点、事实的最初来源。注意，"最初"两个字很重要。如果较真的话，只要不是最初来源，都不能称为"信源"。当然，需要较真的场合并不是很多。

亲爱的读者，你们在听科普节目、观看科普视频、阅读科普文章的时候，最需要注意的也是信源。你首先要关注的是内容中有没有提到信源，假如没有提到信源，只告诉你故事和结论，那么就要存疑，不是说肯定有问题，而是不能无条件地相信。假如内容中提到了信源，那么你就要看这个信源是一手的还是二手的，然后再看这个信源的公信力及可靠度如何。

比如，这本书我们讲的都是与天文和太空探索有关的事情，那么，在这个领域，NASA就是最好的一手信源。当然，除了美国，各个国家的官方科研机构也都是很好的一手信源。只有来自这些机构的官方消息，或者这些科研机构发表在有影响力的国际顶级学术期刊上的论文，才最值得我们相信。一个不注重信源的科普人肯定是走不远的，我深知这一点，因此在这方面我从未放松对自己的要求。而我要努力做到的是，我讲述的故事素材都有可靠的信源。所以，

木卫二欧罗巴

我常常把我的文献助理牛牛小编往死里逼，逼她找到最可靠的一手信源。

好，开始这一章的科学故事。

太阳系中有一颗神奇的星球——欧罗巴（Europa），这颗星球最初叫木卫二。为了充分了解 2016 年 9 月 26 日 NASA 宣布的重大发现的意义，让我先带你简要回顾一下人们对这颗迷人星球的探索简史。

400 多年前，伽利略把他自制的望远镜对准了木星，他发现有四颗明亮的小星星围绕着木星转。这四颗小星星是人类历史上首次在地球以外发现的行星卫星，木星的这四颗卫星就被后人称为伽利略卫星。根据它们绕行轨道距离木星的远近，被依次编号为一、二、三、四。不过后来天文学家发现木星的卫星远不止四颗，还有很多卫星夹在这四颗大卫星轨道的中间，但名字早就约定俗成了，所以也没法重新编号，一直沿用下来了。这四颗卫星每一颗都还有一个别名，其中第二颗被命名为 Europa，欧罗巴，希腊神话中的腓尼基公主。

1977 年，美国人发射了著名的旅行者 1 号和 2 号探测器。这两个探测器在 1979 年成功地近距离飞掠过木星，而且都成功地拍下了木星四颗卫星的快照。这是人类第一次看到欧罗巴的表面特征，尽管当时的旅行者号探测器携带的相机质量和今天的相差甚远，每两千米才能成一个像素。即便是这样，当天文学家们看到欧罗巴照片的时候还是震惊不已，因为他们此前从未看过外表是这样的星球，甚至连想象都没有想象过。欧罗巴的总体颜色竟然是迷人的白色！这个颜色本身就大大地出人意料，更有意思的是，白色的表面还布满了条纹，总体样子就像一个布满了裂缝的鸡蛋。

有经验的天文学家一看到欧罗巴的照片，马上就意识到这颗星球不同寻常。首先，这个颜色说明它极有可能是一个大冰球，不是水冰就是干冰。要知道，如果我们回到六七亿年前，从太空中看地球，地球基本上就是这个样子，那时候的地球也是个大冰球，表面完全被冰雪覆盖。更耐人寻味的是欧罗巴表面的这些条纹，它们更加令天文学家们浮想联翩，做出各种各样的猜测。

但旅行者号的任务很重，要拜访的星球很多，所以它拍了一张快照就与木星永别了。为了揭开木星系统，尤其是欧罗巴的众多谜团，NASA 批准了伽利略号探测计划。1995 年 12 月，飞了 6 年多的伽利略号（Galileo）探测器终于抵达木星轨道。这个探测器非常长寿，对木星系统进行了长达 14 年的详细观测，我们今天对木星系统的大多数知识都来自伽利略号探测器。

伽利略号详细考察了欧罗巴，一连串诱人的发现使得 NASA 将原计划的 3 次飞掠欧罗巴增加到了 12 次。欧罗巴没有让天文学家们失望，它是太阳系中最耀眼的明星之一，值得几代人为它献出青春。原因只有一个，欧罗巴有可能孕育生命。这个惊人的推测是如何得出的呢？让我给你讲一下伽利略号对欧罗巴的描述。

欧罗巴的体积是地球体积的 1.5%，质量是地球质量的 8‰，表面重力大约为地球的 1%。但是，这么一个小个子蕴含的水量却是地球的两倍甚至更多。因为它其实是一个超级巨大的冰水混合球。最外层是一个薄厚不均的坚硬冰壳，最薄的地方可能还不到 10 千米，平均厚度在 15—25 千米。在冰层之下则是深达一万多米的液态海洋，而且很可能跟地球一样，是含盐的咸水。这是因为伽利略号发现了欧罗巴的感应磁场，最简单的解释就是，欧罗巴的液态海洋是导电的咸水。欧罗巴表面的条纹是裂缝和峭壁，这说明欧罗巴有活跃的板块活动，

水坑中心

它的内心很可能是温暖的。

科学家们是如何确信欧罗巴十多千米厚的冰层下面是液态海洋的呢？证据当然不止一个，但其中有一个是最直观、也最具有说服力的证据。

伽利略号在欧罗巴的表面拍到了一个陨石坑，这个陨石坑的外形很特殊，与我们在月球或者其他岩石表面上看到的陨石坑有一个明显的区别：欧罗巴上的陨石坑的中心是凸起的。在用高速摄影机拍摄的、把物体扔入水中的画面里，你会发现，当一个物体掉入水中时，水坑的中心是会向上凸起的，与欧罗巴上的陨石坑的形态极为相似。[1]

这个陨石坑的形态被认为是欧罗巴厚冰模型的最佳证据。想象一下，一颗陨石猛地撞击到欧罗巴表面厚厚的冰层上，瞬时产生的高温融化了冰，形成了一个暂时的液态湖，在湖水的剧烈波动中，严寒又冻住了湖水，形成了这种独特的撞击坑形态。

---

1 如果你没有看过这种奇妙的景象，可以到"科学有故事"的微信公众号中回复关键词"高速摄影"，就可以看到在高速摄影镜头中，物体和水是如何互动的，非常好看。

为什么科学家们推测欧罗巴很可能孕育生命？就是因为欧罗巴有液态海洋，这是我们第一次在地球之外发现海洋，是一次划时代的重大发现。虽然这个海洋被厚厚的冰层覆盖着，没有一丝光亮，但别忘了，在地球一万米深的大洋深处，依然是一个生机勃勃的地方。既然地球可以在一万米深的海底孕育生命，别的星球为什么不可以呢？这个推测让一大拨天文学家激动难眠，寻找外星生命永远是 NASA 的第一推动力。

　　不过，激动之后，还是要回归理性。一个显而易见的问题让科学家伤透了脑筋——如何才能钻透至少几千米厚的冰层，到欧罗巴的海洋中去探索呢？要知道，哪怕是在地球上，一个几十人的小组带上全世界最精良的重型装备，要在南极钻入几千米深的冰层取样，也是一项极为艰巨的任务，更何况这是在距离地球五六亿千米的欧罗巴啊！要想一窥欧罗巴的海洋，真的是比登天还难。

　　然而，山重水复疑无路，柳暗花明又一村。令人万万没想到的是，一个科研小组利用哈勃太空望远镜在 2014—2016 年的重大发现，让欧罗巴海洋生命之谜的答案突然变得触手可及，这就是一开篇提到的那次吊足人胃口的新闻发布会。

　　2016 年 9 月 25 日，星期天，NASA 的官方推特上写道："星期一，我们将宣布一个来自木卫二欧罗巴的新闻。剧透警告：不是关于外星人的。"

　　NASA 以视频电话会议的形式召开了一次新闻发布会，代表官方的是四位科学家——NASA 总部的天体物理学家保罗·赫兹（Paul Hertz）、天文学家威廉·斯帕克斯（William Sparks）、地球与大气科学家布兰妮·施密特（Britney Schmidt），以及在戈达德航天中心负责哈勃望远镜的科学家詹妮弗·怀斯曼（Jennifer Wiseman）。当然，参加这场新闻发布会的还有 NASA 邀请的各路媒体。新闻发布会持续了一个小时左右。

　　这就是我之前提到的第一手信源，虽然对这场新闻发布会的二手报道很多，但不同网站的报道几乎全部出自同一篇新闻稿。也就是说，如果最初这篇新闻稿有疏漏或者错误，那么你在所有新闻网站看到的新闻都是这样报道的，你还会以为这是互相印证所以是正确的呢。因此，科普文章是否用心，在很大程度上是看它选取的信源有多少是第一手的，有多少是第二手的。一般来说，第一手信源越多，文章的可信度就会越高。

回到这次的新闻发布会。首先是来自巴尔的摩太空望远镜科学研究所的天文学家威廉·斯帕克斯发言，他是这项研究的主要领导者。他开门见山地说道："今天我们正在提出新的来自哈勃的证据，证明水蒸气羽流[1]从欧罗巴的冰面喷出。"他接着说道："如果欧罗巴上出现了羽状物，肯定很重要，因为这意味着我们不必钻透一个无底洞就能探索欧罗巴的海洋，进而找到欧罗巴海洋中的有机化学物质，甚至生命的迹象。"

斯帕克斯说，他们找到了非常重要的证据，说明欧罗巴的表面有巨大的喷泉，这些喷泉形成的羽毛状痕迹甚至在遥远的地球都能看见。假如这个发现属实，那么最大的好消息就是，我们不必考虑在欧罗巴上钻探就能取到冰下海洋的水样了。说不定运气好，直接就能发现欧罗巴的海洋生命，光想想就令人激动。假如欧罗巴冰层下的大洋中有鱼，那么鱼很可能会顺着喷泉口给喷出来。最差的情况，我们也可以顺着喷泉口放一个探测器下去。总之，免去了冰上钻探这个艰巨的任务，显然可以让人类提前好几代揭开欧罗巴海洋之谜。

那么，科学家们到底发现了什么样的证据呢？

其实，早在2012年，一支由洛伦茨·罗斯（Lorenz Roth）博士领导的团队，就开始利用哈勃太空望远镜观测欧罗巴周围的光谱图像，结果，他们发现了氢气和氧气的光谱。于是，罗斯团队据此推断，欧罗巴有水汽喷出，因为这些水在电离作用下，分解成了氢气和氧气。正是罗斯团队的这个发现，激发了斯帕克斯的强烈兴趣。他从2014年开始，就陆陆续续地利用哈勃望远镜的紫外线成像功能，给欧罗巴拍快照。这话说起来容易，但真实的科学研究哪有那么简

---

1 羽流（plume）：流体力学专业用语，指一柱流体在另一种流体中移动。

欧罗巴水蒸气羽流喷射示意图

单？它跟普通人理解的拍照完全不是一个概念。

　　斯帕克斯的团队在一种被称为时间标记的模式中进行观察，他们需要记录图像中每个光子到达的位置和时间，然后从事件表中重建图像，其中包含了大约 5000 万个事件。他们还要为此开发专门的软件。这项工作耗去了两年时间，最终才得到了几张照片。但这几张照片可以证明欧罗巴的表面存在水蒸气羽流喷射。

　　需要特别说明的是，这些照片必须在欧罗巴从木星的表面掠过时拍摄。以木星为背景，才能有光从欧罗巴的背面射过来，否则，仅仅靠反射太阳光，我们不可能拍摄到欧罗巴的水蒸气羽流喷射。

　　那两组照片虽然都是用哈勃望远镜拍摄的，但是它们采用的方法完全不同，因此可以看成是独立研究的成果。从照片上可以看出，重要的证据几乎出现在相同的位置，也就是南极附近，这就是非常好的交叉证据。

　　不过，斯帕克斯在发言的最后，还是用谨慎的口吻说：“我们并没有声称已经证明了羽流的存在，而是提供了表明这种活动可能存在的证据，谢谢。”

实际上，从另外三位科学家的发言中，我们可以听出，这次发现的已经是非常扎实的证据了。NASA不轻易召开新闻发布会，凡是正式召开发布会的，那一般不会搞错。估计大家都跟我一样，很想知道哈勃太空望远镜能不能进一步分析羽流的光谱，从而分析出更多的化学成分。

很遗憾，其他科学家的发言可以很明确地证实，哈勃太空望远镜的能力有限，只能到这一步了，无法给出更多我们想知道的东西。好消息是，取代哈勃太空望远镜的下一代太空望远镜，也就是詹姆斯·韦伯太空望远镜（James Webb space telescope，JWST），将有能力告诉我们欧罗巴表面喷出的水汽中都有些什么。但坏消息是，詹姆斯·韦伯太空望远镜的发射日期不断推迟。我几乎每年都会看到消息说有望在明年发射，但最新的说法还是"有望在明年发射"。

关于欧罗巴喷出的羽流，目前能够掌握的信息还很有限。首先，我们知道这种喷流是一种间歇泉，它喷发的地点和时间似乎是随机的，至少我们目前还没有找到规律。然后，关于它喷出的水量，我们只能说，目前观察到的喷发量是每秒钟能喷出5—7吨水，也就是说8分钟就可以把一个奥运会标准游泳池的水喷完，这个量相当惊人。但这并不意味着所有的间歇泉都有这个规模，我们隔了那么远，当然是规模越大的间歇泉越容易被我们观察到。说不定在欧罗巴上遍布着大小不一的间歇泉，也说不定就像火山一样，要么不喷，一喷就惊天动地，对此我们一无所知。

除了这些，对于欧罗巴的喷流，目前没有更多的信息了。尽管各路媒体刨根问底，问了很多问题，希望能从科学家嘴里多挖点料出来，但NASA的科学家们态度都很严谨，没有证据的事情一概不会乱说，用词都很谨慎小心。

但是，我还是在科学家回答媒体的提问中得知了一个非常好的消息。NASA正在实施一项名为"欧罗巴计划"的工程，目的是建造一个探测器，专门用于飞掠欧罗巴喷射出的羽流，采集羽流的样本，从而揭开欧罗巴冰下海洋的秘密。

到这里，欧罗巴的探索故事就讲完了，但故事还没有结局，只要人类文明还生生不息，那么所有的太空探索故事都是正在进行时。

欧罗巴的冰下海洋确实是人类发现的第一个地球以外的海洋，但不是唯一的。你可能不知道，欧罗巴的水蒸气羽流也不是 NASA 宣布的第一个外星球上的水蒸气羽流，欧罗巴一直在和另外一颗星球竞争"最适合外星生命发生地"的头衔，它们你追我赶，都拥有大批的支持者，截至今天，欧罗巴反而还稍逊一筹。

知道欧罗巴的对手是谁吗？下一章告诉你。

O₂

氧气

氧在自然界中的分布十分广泛，占地壳质量的 48.6%，是丰度最高的元素。在动物呼吸、燃烧、有机物的腐败等一切氧化过程中都有氧气参与。除了稀有气体、活性小的金属元素（如金、铂、银），大部分元素都能和氧发生反应，这种反应就是氧化反应，经反应产生的物质被称为氧化物。

氧气有三种形态：

· **液态：**液氧呈天蓝色
· **固态：**固氧是蓝色晶体
· **气态：**气态氧无色无味

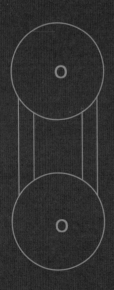

氧气是人类生存不可缺少的物质，但是过度吸入氧气会引起中毒，严重的会引发肺炎，最终导致呼吸衰竭，窒息而死。在一个大气压的纯氧环境中，人只能存活 24 个小时。在两个大气压的高压纯氧环境中，人最多只能停留 2 个小时，否则会引起脑中毒、精神错乱、记忆丧失。

H₂O
水

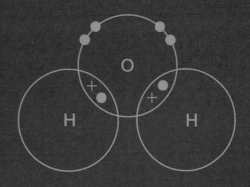

水是太阳系中最常见的物质之一，水分子也是地球表面最多的分子，有气态、液态和固态三种形态，常说的水通常指液态水。地球总含水量达 13.86 亿立方千米，其中只有 2.53% 是淡水：

- 68.69% 是固体冰川，约 2409 万立方千米
- 30.06% 是地下水，约 1054 万立方千米
- 0.3% 是河流水、淡水湖泊水以及浅层地下水，约 11 万立方千米
- 0.04% 是大气水，约 1.4 万立方千米
- 0.91% 是其他淡水水体，约 31.9 万立方千米

在太阳系中，月球、木星、土星、天王星、火星、水星、海王星、冥王星、泰坦（土卫六）、恩克拉多斯（土卫二）和欧罗巴（木卫二）都含有固态水（冰），其中恩克拉多斯（土卫二）和欧罗巴（木卫二）已被证实含有液态水。

水是万能溶剂，尤其适合溶解生命世界中的许多物质并促使它们反应，如果没有液态水，与地球生命类似的生命体将无法进化，生命体中存在大量的水，在所有细胞中，水占 70%—85%。

- 水易于流动和溶解，因此可以溶解营养素、激素和代谢产物，促进人体细胞的循环
- 水蒸发能带走热量，使人体降温
- 水的比热容很高，不容易升温和降温，能稳定生物体的温度

CH₄
甲烷

甲烷，俗称瓦斯，是最简单的有机物，是地球上的天然气、沼气和矿井中坑气的主要成分。甲烷也是含碳量最小、含氢量最大的烃。

在地球上，95% 以上的甲烷都是由生命产生的，比如：

· 有机废物的分解产生

· 天然源头（如沼泽）产生，占 23%

· 从化石燃料中提取，占 20%

· 动物（如牛）的消化过程中产生，占 17%

· 稻田中的细菌产生，占 12%

· 在缺氧条件下加热或燃烧生物物质也会产生

植物和落叶都能产生甲烷，而且其生成量会随着温度和日照条件变化，活体植物产生的甲烷是腐烂植物产生的 10—100 倍。虽说甲烷并不是只能靠生命参与产生，其他无机化学反应也能产生甲烷，但产生的效率远远没有微生物的效率高。

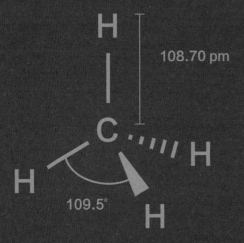

卡西尼号探测器抵达土星

卡西尼号的
远征

2017 年 9 月 15 日，卡西尼号结束了其长达 19 年零 11 个月的光辉生命，在冲向土星表面的过程中，化作无数的流星，成为土星的一部分，就好像英雄的骨灰撒在了他所热爱的土地上。

NASA 特地为卡西尼号的最后旅程制作了一部足以媲美好莱坞大片的 3 分 40 秒的影片，取名为 "Cassini's Grand Finale" ——《卡西尼的伟大终章》。这段影片让无数的天文爱好者流下了热泪，我也不例外。很多人都跟我一样，认为旅行者 1 号、旅行者 2 号以及卡西尼号是有史以来最伟大的三个宇宙探测器，它们就像是三位史诗级的英雄。不同的是，旅行者号将会飞出太阳系，一直飞向银河系的中心，就好像得到了永生。但是，卡西尼号却是壮烈自毁的悲情英雄，它带给我们的感动是最多的，留给我们的记忆也是最深的。

20 世纪 80 年代，NASA 提出了一个宏伟的计划。这个计划真的十分宏伟，以至于当时有很多人都觉得 NASA 是吃了熊心豹子胆，野心也太大了点。因为这是一个一箭双雕的计划。他们打算把一个轨道探测器（取名为"卡西尼号"）和一个着陆器（取名为"惠更斯号"，Huygens）绑在一起，让它们一同飞往土星。然后，惠更斯号登陆土卫六，就是著名的泰坦卫星（Titan），而卡西尼号则继续围绕土星转圈圈，不光要探测土星、土星环，还要探测土星的几乎所有卫星，甚至计划在土星环中来回穿梭。光听着就觉得十分复杂，计划的预算也达到了惊人的 30 多亿美元。

你可能对这个金钱数量没概念。要知道 1977 年发射的旅行者 1 号、2 号两个探测器加起来的总耗资也没有超过 10 亿美元，我前面跟大家讲的那些火星探测计划单次也都没有超过 10 亿美元，你还得算上通货膨胀。所以，卡西尼号计划耗资实在太巨大了。于是美国人去找欧洲同行联合投资，结果一拍即合。实际上，早就有欧洲的科学家建议这样一箭双雕的计划。最终，NASA 出资约 26 亿美元，欧洲航天局出资约 5 亿美元，意大利航天局出了约 1.6 亿美元，三家单位联手总共花费大约 32.6 亿美元，开启了雄心勃勃的土星探测计划。这些数字来自 2000 年 10 月的新闻资料，其实，如果算上通货膨胀和任务延长所花的费用，实际的耗资还远不止这些。但后来的事实证明，所有这些花费都是值得的。

经过十多年的筹备、设计、论证、制造，卡西尼－惠更斯号探测器终于在 1997 年 10 月 15 日整装待发。世界协调时 8 点 43 分，巨型的大力神 4 号 B 型运载火箭冲向蓝天。你可能不知道，卡西尼－惠更斯号探测器的总重量大约是 5.7 吨，其中燃料占了 3 吨多，化学火箭的低效率是制约人类航天事业的最大障碍。

跟很多人想象的不一样，卡西尼号（卡西尼－惠更斯号土星探测器）并不是直接飞向土星，而是走了一条经过精心计算、令人眼花缭乱的路线。大致说来

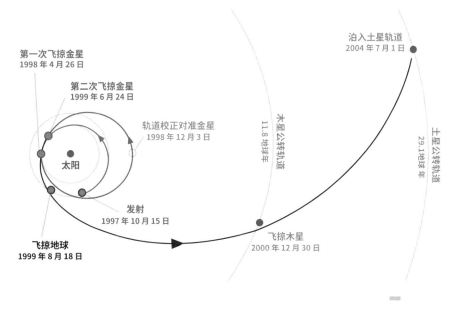

第一次飞掠金星
1998 年 4 月 26 日

第二次飞掠金星
1999 年 6 月 24 日

轨道校正对准金星
1998 年 12 月 3 日

太阳

发射
1997 年 10 月 15 日

飞掠地球
1999 年 8 月 18 日

泊入土星轨道
2004 年 7 月 1 日

木星公转轨道
11.8 地球年

土星公转轨道
29.1 地球年

飞掠木星
2000 年 12 月 30 日

卡西尼号的轨道

是这样的：它先飞向金星（Venus），利用金星的引力弹弓效应[1]给自己做第一次加速；绕太阳一圈后再次遇到金星，用金星给自己做第二次加速；紧接着又刚好遇上地球，卡西尼 – 惠更斯号再次利用地球的引力弹弓效应把自己甩向木星；最后木星就像一个大胖子链球手，接过卡西尼 – 惠更斯号后，一甩手就把它扔向了土星。

说起来轻巧，但其实，卡西尼 – 惠更斯号在太空中飞行了 6 年 8 个月又 17 天才抵达土星轨道。2004 年 7 月 1 日，卡西尼 – 惠更斯号成功泊入土星轨道。消息传回地球，很多人激动得热泪盈眶。这真是人类航天史上的一个壮举，很

---

1 引力弹弓效应（slingshot effect）：利用行星的重力场来给宇宙探测器加速，将它甩向下一个目标，也就是把行星当作"引力助推器"。

多科学家从设计开始一干就是 20 年，从精神小伙干成了秃顶大叔，才终于等到卡西尼－惠更斯号入轨。很多人也没想到，卡西尼－惠更斯号还要陪伴他们直到头发斑白。经过两次延长任务，卡西尼－惠更斯号一直工作了 13 年 2 个月又 14 天才退役。

虽然卡西尼－惠更斯号的探测计划非常庞大，但是，大多数人都只看重其中的一项任务，它让无数人激动难眠。这就是惠更斯号在泰坦星上的着陆计划。甚至有人认为，哪怕卡西尼－惠更斯号的其他任务都失败了，只要惠更斯号的着陆任务能够成功，就值得 30 多亿美元的耗资，以及 20 多年的辛勤努力。这时候的天文爱好者和科学家们哪里想得到卡西尼－惠更斯号将带给他们多大的额外惊喜，在这些额外惊喜面前，泰坦星的着陆已经变得不重要了。就好像《大话西游》中那句经典的台词："我猜到了开始，但没有猜到结局。"

泰坦星（土卫六）一度是太阳系中的头号明星，为什么它如此令人着迷呢？荷兰天文学家克里斯蒂安·惠更斯（Christiaan Huygens，1629—1695）在 1655 年首次发现了土卫六（现在你知道为什么着陆器取名为惠更斯号了吧），后来，约翰·弗里德里希·威廉·赫歇尔爵士（Sir John Frederick William Herschel，1792—1871）把它命名为"泰坦"，沿用至今。泰坦星是太阳系中的第二大卫星，最大的是木卫三。泰坦星的体积甚至比水星（Mercury）还大，虽然它的质量没有水星大。

泰坦星一夜成名的时间是在 1980 年 11 月。那一年，旅行者 1 号探测器飞到土星附近，在给土星拍照的同时，顺便也给泰坦星拍了一张照片。哪知道这张照片传到地球后，NASA 的科学家们都看傻了，泰坦星的上空居然是厚厚的云层。换句话说，泰坦星拥有浓密的大气层。这可是一个了不得的发现，科学家们真的没想到居然能在卫星上发现大气层，而且是如此浓厚的大气层。更加令人感到惊喜的是，泰坦星大气层的主要成分是氮气，占 98.4%，甲烷占 1.4%，氢气占 0.2%。我们都知道，地球的大气层也是氮气最多，也含有甲烷。

这个大气组成让科学家们浮想联翩，尤其是 1.4% 的甲烷成分，马上就让人想到生命！还记得吗，甲烷被称为生命指征气体。有些想象力比较丰富的天文学家禁不住幻想了一种泰坦星生命：他们以液态甲烷为溶剂，就好像水对地球生命那样。

这个发现实在是太重大了，以至于 NASA 喷气推进实验室召开了紧急会议，讨论是否要临时变更旅行者 1 号的计划。旅行者 1 号携带着无比珍贵的燃料，有能力变轨再次飞近泰坦星进行观测。但是，一旦这么做，就意味着旅行者 1 号原本飞向天王星（Uranus）和海王星（Neptune）的计划也就全部泡汤了。因为一旦再次接近泰坦星，旅行者 1 号由于受到额外的引力影响就会偏离黄道面[1]，再也不可能飞向天王星和海王星。这真是一个两难的选择，NASA 的领导们好纠结。

经过一番辩论，喷气推进实验室的科学家们做出了一个重大的决定：放弃原计划，再次飞向泰坦星。之所以这么做，除了对泰坦星的强烈好奇，还有一个重要原因——作为双保险的旅行者 2 号目前一切正常，它跟在旅行者 1 号的后面，即便旅行者 1 号去不了天王星和海王星，还有 2 号可以去。

于是，旅行者 1 号变轨飞向泰坦星，又从各个角度给泰坦星拍了数张照片传回地球。看过地球卫星云图的人都知道，虽然地球的上空也有厚厚的云层，但总有大片大片的透明区域，使得人类可以仰望星空，也使得卫星可以看清地表。正是抱着这样的希望，喷气推进实验室的天文学家们满怀期待地等着接收旅行者 1 号发回的照片。然而，让他们失望的是，所有的照片无一例外地都只能看到密实的云层，云层下面有什么，一点都看不到。可以说，这次针对旅行者 1 号的高风险决定并没有给 NASA 带来高回报，押宝没押中。当旅行者 1 号的姐妹探测器旅行者 2 号飞到土星时，喷气推进实验室的科学家们没有再次押

---

1 黄道面（ecliptic plane），地球绕太阳公转的轨道平面，由于月球和其他天体的引力会影响地球的公转，黄道面的位置总是在不规则地连续变化。

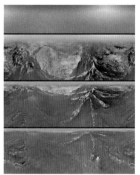

宝泰坦星。所以,旅行者 2 号只是远远地瞥了一眼泰坦星,就继续飞向了天王星。好在旅行者 2 号没有出什么幺蛾子,顺利地完成了旅行者 1 号未竟的事业,否则,NASA 估计又要被民众的口水淹没了。

正是旅行者 1 号的重大发现,最终催生了卡西尼 – 惠更斯号的远征。泰坦星的云层下面到底有什么,成了后来 20 多年最令人着迷的太阳系谜题之一。这个谜题能否被远道而来的惠更斯号着陆器破解呢?

高难度的着陆存在巨大的风险和不确定性,现实总是会时不时地露出它残酷的一面,并不是努力了就一定会有回报。很多时候,勤奋之外,我们还需要一些好运气。根据网络数据[1],在惠更斯号登陆泰坦星之前,苏联、美国、欧洲一共有过 12 次登陆火星的行动,其中 6 次完全成功,3 次部分成功,3 次彻底失败,完全成功的概率是 50%,彻底失败的概率是 25%。别忘了,这可是在火星,相较其他星球,我们对它的地表可谓了如指掌。火星登陆尚且有这么高的

---

1 参见维基百科词条 "List of missions to Mars"。

失败率，这次要在一颗我们对其地表一无所知的星球上着陆，成功的概率有多大，大家可以自己判断。

2004年11月，卡西尼－惠更斯号抵达泰坦星附近，开始对泰坦星进行近距离的拍摄。科技的进步使得卡西尼－惠更斯号上的照相设备比旅行者号精良得多，而且距离又更近。所以，当卡西尼－惠更斯号拍摄的照片传回地球时，引发了阵阵惊呼。为什么呢？因为旅行者号传回的照片和卡西尼－惠更斯号传回的照片完全不可同日而语，简直就是VCD画质和4K画质的区别。在卡西尼－惠更斯号拍摄的照片中，泰坦星上空的云层再也不是橘红色的一片，而是与地球上空的卫星云图一样，有了明显的浓淡区别。在云层稀薄的区域，能够看到泰坦星的地表非常平坦，只有很少的环形山，它们在光线的作用下呈现出强烈的明暗对比。第一次看到这些照片时，我觉得泰坦星和地球太像了，至少从太空中看去，简直像是双胞胎。

2004年12月25日，惠更斯号从母船卡西尼号上分离，独自飞向泰坦星。按照计划，它将在20天后降落在泰坦星表面。在飞向泰坦星的过程中，惠更斯号不断地近距离拍摄照片，并且传回了许多宝贵的传感器数据，这些数据让我们知道了泰坦星大气成分的详细信息。2005年1月14日，关键时刻来临了，惠更斯号进入泰坦星的大气层，着陆行动开始了。在十多亿千米外的地球上，科学家们屏息凝神，接收着惠更斯号传回的图像数据。实际上，因为无线电信号从土星跑到地球需要一个多小时，所以，惠更斯号的命运其实在一个多小时前就已经决定了，但这并不会影响科学家们心跳加速、满怀期待。

惠更斯号凭借着一个巨大的降落伞在泰坦星浓密的大气层中减速，整个降落过程持续了两个半小时。惠更斯号看上去状态良好，数据源源不断地传回地球。最终，它成功地降落在了泰坦星的表面，又继续工作了90分钟。

然而，惠更斯号并不是一辆有轮子的太空车，它只能把降落过程中看到的景象拍下来传回地球。在它着陆后，人类终于看清了泰坦的地表。如果我拿着惠更斯号降落后拍摄的照片让你猜这是哪里，你多半会猜这是我国西部某个地

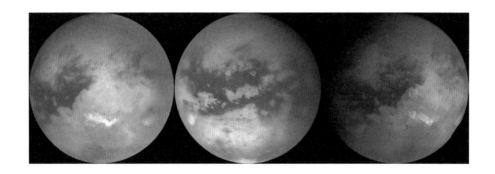

卡西尼号拍摄的泰坦星

区的干涸湖床。是的，人们透过惠更斯号看到的景象就是一片平坦的戈壁滩，上面布满了大大小小的石块，这些石块很像是被水流冲刷形成的鹅卵石，表面是圆滑的流线型。从后来公布的资料中可以得知，这些石头其实是冰块——不是干冰，而是真正的水冰。

没过多久，NASA 就发布了经过优化处理的惠更斯号登陆泰坦星的全程录像，把 2 个多小时的降落过程压缩成了 2 分多钟。这段降落外星球的真实影像我看了不下 10 遍，这也是人类迄今为止第一个降落在外太阳系卫星上的探测器。能够目睹一颗大约 15 亿千米外的外星球的真实地表，实在是三生有幸。[1] 一段几分钟的录像却凝聚了人类在数学、物理、化学、信息技术、工程技术等科学领域的所有精华。几千名科学家、工程师用了 20 多年，才终于完成了这次壮举。我不知道你看了这段录像会不会对科学充满敬意，但我看着心中生出了很

---

1 如果你也想看这段录像，可以到"科学有故事"的微信公众号中回复关键词"惠更斯"，或者"泰坦""土卫六"。

多感慨，忍不住鼻子发酸。

那么，泰坦星上到底有没有外星生物呢？只能说到目前为止，科学界还没有定论，但对泰坦星抱有生命幻想的科学家并不是很多。截至今天，我们对泰坦星所掌握的情况是——它的表面温度大约是 −179℃。是的，虽然有浓密的大气可以产生温室效应，但是它能接收到的阳光实在太少了，这是一个极端寒冷的世界。而我们也没有观测到泰坦星内部有热源的任何迹象。所以，在这个世界中，你不可能找到液态水。迄今为止，人类尚没有发现任何脱离液态水还能保持活动状态的生命形式，既没有直接的证据，也没有间接的证据。

但是，还是有一些科学家认为[1]，低温的世界刚好提供了液态甲烷湖泊形成的条件，甲烷的沸点是 −161.5℃。所以，在泰坦星上完全可能存在由液态甲烷形成的湖泊与河流。2006 年 7 月，卡西尼号证实了这个猜测。科学家从雷达照片中发现泰坦星的北半球存在一个碳氢化合物的湖泊（甲烷、乙烷、乙炔等都是碳氢化合物），这个湖泊的直径大约为 100 千米，比北美洲的五大湖区还要大。到了 2007 年 3 月，NASA 又宣布在泰坦星上发现了更大的液态碳氢化合物区域，它的面积足以被称为海洋了。那么，会不会存在一种生命形式，它们可以舒服地生活在这些液态的碳氢化合物中，呼吸着大气中的氢气和乙炔来转换成能量呢？实事求是地说，在理论上这种幻想不是不可以，我们并没有找到哪条物理或者化学的法则阻止生命在泰坦星这样的环境中发生，但是我们严重缺乏证据。所以，大多数痴迷于寻找外星生命的科学家不得不遗憾地把泰坦星从他们手头的清单中划掉，或者把泰坦星的排名挪到后面去。

就在惠更斯号着陆泰坦星的过程中，卡西尼号也没有闲着。卡西尼号飞向了一个美丽的白色星球，也就是土卫二。土卫二还有一个非常好听的别名——

1 ［加］乔恩·威利斯，《群星都是你们的世界：在宇宙中寻找外星生命》，中信出版社，2018.9，P209。

恩克拉多斯（Enceladus），这是希腊神话中的一个巨人。在所有人的目光都被惠更斯号和泰坦星吸引的那段日子里，卡西尼号默默地飞越了恩克拉多斯的南极，它的科学成像子系统拍摄了很多张照片。但科学家们此时正忙着处理惠更斯号传回的数据，似乎没有多余的时间来关注卡西尼号传回的数据，好在这些数据都在电脑中存着，不会丢失。

当人们对惠更斯号和泰坦星的兴奋之情逐渐退去，转而注意到恩克拉多斯的照片时，科学家们才突然发现，原来土星系统真正的明星不是泰坦星，而是这颗此前没有引起多少关注的"神话巨人"——恩克拉多斯，它的名字似乎注定了它要成为土星系统，甚至是太阳系中最耀眼的巨星。

在恩克拉多斯面前，泰坦星将黯然失色。在卡西尼号未来12年多的探测生涯中，恩克拉多斯毫无争议地成为主角。这一章的全部内容，都是在为巨星登场做铺垫。

还记得吗？我在上一章结尾的时候说，在太阳系中，欧罗巴有一个强大的竞争对手，而且截至今天，欧罗巴还处在下风。这个强大的竞争对手不是别人，正是白色巨人恩克拉多斯。

巨星即将登场，你做好准备了吗？

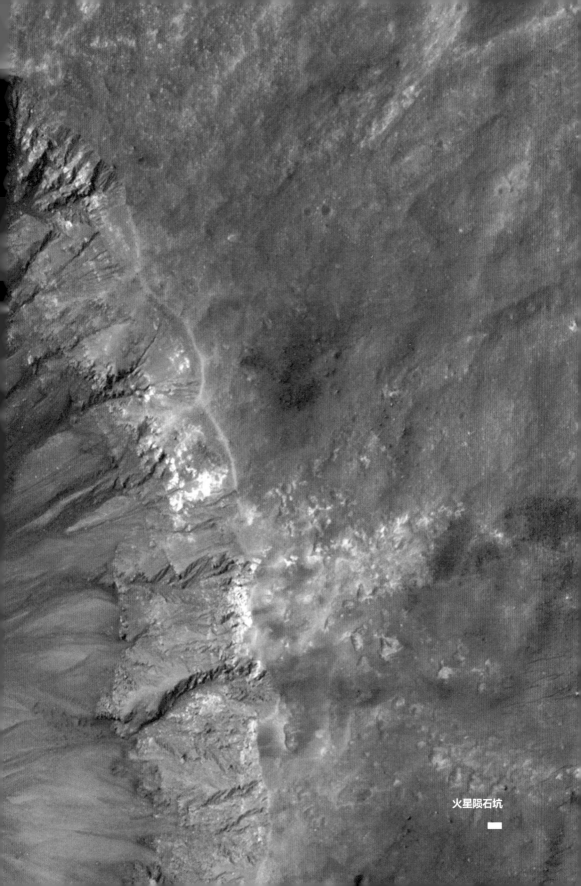

火星陨石坑

7

恩克拉多斯的
喷泉

土卫二，也就是恩克拉多斯星球，是一颗迷人的星球。在旅行者号的眼中，它的外观与欧罗巴实在太像了，以至于很多人会分不清欧罗巴和恩克拉多斯。它们都是表面十分光滑的白色星球，两者都有被称为"虎皮斑纹"的条纹，只是欧罗巴的条纹呈现出红褐色，而恩克拉多斯的条纹呈现淡蓝色。另外，它们的表面还分布有很少的陨石坑。恩克拉多斯很小，直径只有500千米多一点，比月球小多了（月球直径约是3476千米），它的表面重力大约只有地球的万分之一。

2005年2月17日，已经抛出了惠更斯号着陆器的卡西尼号轻装上阵，飞到距离恩克拉多斯1264千米的位置，这个距离创下了当时的历史纪录。在这之前，人类探测器与恩克拉多斯的最近距离是旅行者2号创下的8.7万千米。当然，1264千米也不是最近的，这与卡西尼号3年多后与它的亲密接触相比，就好比拉手与接吻的区别。卡西尼号携带着当时全世界最先进的成像系统，对着恩克拉多斯拍摄了一张照片。正是这张照片，让恩克拉多斯从太阳系家族中脱颖而出，逐步成为最耀眼的巨星。虽然这张照片还不是十分清晰，但足以引起科学家们的强烈兴趣。于是，他们控制卡西尼号一次又一次地接近恩克拉多斯，试图拍到更好的照片。

这张照片清晰地显示出，恩克拉多斯的表面有羽毛状的喷流。这说明这颗星球上存在着火山活动，恩克拉多斯成为太阳系中第四颗被证实今天依然存在火山活动的星球。第一颗当然是我们的地球，第二颗是木卫一伊奥（Io），第三颗是海卫一特里同（Triton），它们的火山都是被旅行者号证实的。更加令人惊讶的是，卡西尼号上携带的先进仪器分析出，恩克拉多斯表面喷出的物质竟然是经过电离[1]的水蒸气。换句话说，恩克拉多斯上有水！当然，因为恩克拉多斯几乎没有大气，所以表面温度极低，水只能以冰的形式存在。但存在水冰，这已经是一个极为重大的发现了。假如恩克拉多斯也像欧罗巴一样，表面覆盖的是厚厚的冰层，那么，整个恩克拉多斯的水量也是极其惊人的。所有这一切，都激起了科学家们对恩克拉多斯的强烈兴趣。

从此，卡西尼号最重要的使命就是一次又一次地飞掠恩克拉多斯，尽可能多地捕获各种能揭示这颗星球秘密的线索。2008年10月9日，卡西尼号创下了与恩克拉多斯亲密接触的新纪录，距离近到不可思议的25千米[2]，这就相当于地球上高空侦察机的作业高度。

也就是在这一年，喷气推进实验室一位名叫坎迪斯·汉森（Candice Hansen）的科学家有了一项非常重要的发现。他仔细分析了卡西尼号2008年采集到的数据，发现有一些羽状物的喷发速度高达2189千米/小时。如果说恩克拉多斯上只有冰，这些羽状物是冰被喷出后再升华成了水蒸气，那么不太可能达到这么高的速度。汉森认为，最大的可能就是在恩克拉多斯的冰层下面存在着液态水，火山直接把液态水喷发出来了，所以才能达到这么高的速度。也就是说，恩克拉多斯的火山就像是一把高压水枪，直接把恩克拉多斯内部的液态水喷到了几万米的高空，形成了羽状物质。假如这个猜想是正确的，那么这将会是一个震惊全世界的大发现——这意味

---

1 电离（Ionization），或称电离作用，是指在（物理性的）能量作用下，原子、分子形成离子的过程。

2 Space Topics: Cassini-Huygens；Cassini's Tour of the Saturn System, https://web.archive.org.

卡西尼号拍摄的恩克拉多斯

着我们继欧罗巴之后，又发现了一个地球以外的海洋。海洋总是让我们激动万分，原因很简单——地球上的海洋孕育了生命。凡是与外星生命沾上边的天文发现都是会引起轰动的大发现，我们实在太想知道除了地球之外，宇宙还有没有生命。[1][2]

只是，汉森的发现还不能构成"恩克拉多斯存在海洋"的直接证据，只能算是一个非常重要的线索。如何才能证实恩克拉多斯的冰下有海洋呢？有些读者可能想到了我们在介绍欧罗巴冰下海洋的时候，用陨石坑的形状作为证据之一。很遗憾，恩克拉多斯上没有这样的陨石坑，或许是我们的运气还不够好，或许是因为它的冰层实在太厚了，也或许陨石刚好没有砸到存在海洋的位置。总之，卡西尼号没有找到陨石坑的证据。这件事情一度让 NASA 的科学家们一筹莫展。

令人没有想到的是，这个难题竟然被一位意大利科学家意外地解决了。为

1　C. J. Hansen, L. W. Esposito, *Water Vapour Jets Inside the Plume of Gas Leaving Enceladus*，Nature volume 456, pp: 477–479(2008).

2　Yasuhito Sekine, Takazo Shibuya, *High-temperatureWater‐rock Interactions and Hydrothermal Environments in the Chondrite–like Core of Enceladus*, Nature Communications, volume 6, Article number: 8604 (2015).

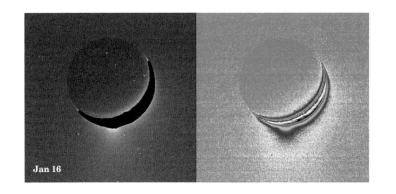

卡西尼号传回的
恩克拉多斯水蒸
气羽流效果图

什么是意大利？大家还记得卡西尼号的三个投资方吗？分别是美国国家航空航天局、欧洲航天局和意大利航天局。虽然意大利航天局出的钱还不到一个零头，但那也是钱啊，他们随之深度参与了卡西尼号的数据分析。罗马大学（Sapienza University of Rome）的卢西亚诺·艾斯（Luciano Iess）教授是一位资深的航空航天工程师，协助意大利航天局分析数据。他找到了一个非常巧妙的办法分析恩克拉多斯的内部构成。这个办法绕了很多个弯，你要有点心理准备，我要开始一大段较为枯燥，但非常能体现科学破案魅力的讲解了。

　　首先，卡西尼号在飞行过程中每时每刻都在给地球回传无线电波，这些电波的发射频率是固定的，这是一个重要的前提。但是，我们接收到的来自卡西尼号的无线电波的频率却不是固定的。知道为什么吗？有些资深读者可能马上就反应过来了，这还不简单，因为多普勒效应[1]嘛。是的，因为卡西尼号相对于

---

1 多普勒效应（Doppler effect）：波源和观察者有相对运动时，观察者接收到波的频率与波源发出的频率并不相同的现象。远方疾驶过来的火车鸣笛声变得尖细（频率变高，波长变短），而离我们而去的火车鸣笛声变得低沉（频率变低，波长变长），就是多普勒效应的现象。

地球的速度不断发生着变化，所以我们接收到的频率就是不断变化的。

通过频率的变化情况，我们就能反推出卡西尼号的速度变化情况，精度可以高到令人咋舌。欧洲航天局卡西尼－惠更斯号的网页显示，每秒0.2—0.3毫米的速度变化都能被这个方法测量出来[1]。说实话，我看到这个数据时是惊得合不拢嘴的，这远远超出了我的想象，我被科学的魅力深深折服。这个速度变化值是探索恩克拉多斯内部结构的关键线索。请你开动脑筋想一想：如果你是科学家，你怎样从卡西尼号的速度变化中了解恩克拉多斯的内部结构呢？

没想出来一点都不用难过，否则人人都是科学家了。我告诉你，卡西尼号不断地飞掠过恩克拉多斯，每年要飞掠很多很多次。科学家们注意到，在卡西尼号飞掠过恩克拉多斯表面的时候，速度值会发生微小的变化。想想看这是什么原因导致的？

任何星球的形状都不可能是一个完美的球体，表面都会有起伏，恩克拉多斯当然也不例外，它的表面有凸起的山峰，也有凹陷的陨石坑。当卡西尼号在这些凹凸不平的表面经过时，恩克拉多斯对卡西尼号的引力就会产生微小的变化。引力的变化就会反映到卡西尼号飞行速度的变化上，而其飞行速度的变化又反映到无线电波频率的变化上。你看，科学家们通过电波频率的变化就能计算出恩克拉多斯表面地形的变化。

那怎么才能继续知道恩克拉多斯的内部结构呢？这才是关键问题。其实，对于恩克拉多斯来说，用频率变化的方式来测地形是完全没有必要的，因为这是脱裤子放屁——多此一举嘛！因为卡西尼号的光学成像系统可以把恩克拉多斯的表面地形以非常高的精度绘制出来，根本不需要兜一个圈子来间接推算。

---

1 *Icy Moon Enceladus Has Underground Sea*, https://esa.int, Mar.4, 2014.

但是，我不知道你有没有灵光乍现，想明白卢西亚诺·艾斯教授的巧妙方法。我继续给你解释。现在，你假想自己是一名科学家，手头有一张用照相机拍到的精确地形图，然后你打算用频率变化的数据再绘制出一张恩克拉多斯的地形图，再然后，你假想自己把绘制出来的图和实际拍到的图叠加在一起，在忽略掉那些理论上的系统和测量误差后，你预期它们会基本重合吗？

答案是都有可能。

如果它们是基本重合的，就说明构成恩克拉多斯的物质密度处处均匀。如果它们是不重合的，就说明构成恩克拉多斯的物质密度不均匀，有变化。

如果没想明白以上结论，我再给你讲个故事。当年人类第一次在珠穆朗玛峰上空测量地球的引力变化时惊讶地发现，在同样的高度，引力居然和平原上空没有什么显著的变化。这当然不是牛顿的万有引力定律错了，而是说明珠峰的根部以及延伸到地表数十千米以下的岩石密度比珠峰其他部分的密度要小得多，所以引力才没有发生显著变化。后来人们发现，地球上的大多数山脉都有这种密度补偿现象，地表凸起得越高，地表之下的密度就越低。

通过分析 2010 年 4 月到 2012 年 5 月卡西尼号多次飞掠恩克拉多斯的速度变化数据，卢西亚诺·艾斯教授和他的合作者绘制出了一张地形图，在和光学成像的地形图叠加后，他们发现，两张地形图在恩克拉多斯的南极附近明显不重合，说明南极地区的底层密度有差异。这里还有一个重要的原因，就是恩克拉多斯的南极附近有很多大大小小的陨石坑，造成了地形的变化很大，地形变化越大，越能比较出差异。水的密度比冰的密度大，用来解释这种密度变化非常合适。好了，作为科普来说，我讲到这里就差不多了，具体的分析方法比我说的还要复杂得多，但基本原理就是这样。引力分析再加上之前的其他各种间接证据的佐证，使得科学家们可以得出有把握的结论。

2014 年 4 月 3 日，NASA 正式宣布：计算表明，至少在恩克拉多斯南极附近 30 千米厚的冰层之下，有着一个深达 10 千米的冰下海洋。这个海洋的面积到底有多大，是否延伸至赤道甚至一直蔓延到北半球，目前还无法得知，存在

各种可能性。但南极附近的冰下海洋是证据确凿的，这个研究成果的论文同时发表在了著名的《科学》杂志上。[1]

这个研究成果一公布，立即吸引了全世界天文爱好者的目光，恩克拉多斯也一跃成为太阳系中的头号明星，科学家们对它的重视程度一下子就超过了欧罗巴。虽然同样有冰下海洋，但恩克拉多斯的地表喷泉直通海洋，而欧罗巴的海洋当时还被认为冰封在十几千米厚的冰层下。这时候距离发现欧罗巴的水蒸气羽流还有两年多的时间，人们还不知道欧罗巴的喷泉。

而且，最重要的一点是，此时的恩克拉多斯附近，人类的探测器卡西尼号还在正常工作，状态良好，完全有能力延长任务，继续对恩克拉多斯进行探测。接下来我们该怎么做才能得知恩克拉多斯的冰下海洋中还有着哪些物质呢？我想这不难猜出来吧，我们可以控制卡西尼号从喷发出的羽流区域中穿过，然后收集羽流中的物质，分析化学成分。卡西尼号恰好具备这个能力。

---

1 L. less, D. J. Stevenson, *The Gravity Field and Interior Structure of Enceladus*, Science, 04 Apr 2014: Vol. 344, Issue 6179, pp. 78–80.

到此时，卡西尼号早已超额完成了原计划任务，完全可以光荣退役了。但随着一系列让人惊喜的发现接踵而至，NASA和欧洲航天局哪里舍得让卡西尼号退役啊，他们不断地投入经费，延长卡西尼号的任务周期。这些决定事后被证明是无比英明的，因为卡西尼号还将不断地令科学家们喜出望外。

美国东部时间2017年4月13日14时，NASA召开新闻发布会，宣布了又一个轰动全世界的大新闻。离现在这么近，我估计很多读者对那次新闻的轰动效应还记忆犹新吧。卡西尼项目的科学家琳达·斯皮尔克（Linda Spilker）在发布会上激动地说："那今天有什么新发现呢？我们从土卫二的羽流中发现了氢，它可以在土卫二的海底为可能存在的微生物提供能量。现在我要说，这一发现是卡西尼12年考察的结果，它确实代表了该任务的最新发现。因为我们现在知道土卫二存在着支持生命所需的几乎所有成分，我们在地球上所知道的就是如此。"

最后一句是关键，琳达向全世界宣布：恩克拉多斯满足人类已知的地球生命形式所需的几乎所有条件！从这一刻开始，太阳系中寻找外星生命的头号目标从欧罗巴转移到了恩克拉多斯。听完这个消息，我很识时务地把正在创作的一篇科幻小说的发生地从欧罗巴改为恩克拉多斯。为什么说卡西尼号在固态羽流中检测到了氢元素如此重要呢？

按照目前我们人类对地球生命的认知，生命的诞生需要三个必不可少的条件：1.液态水；2.碳、氢、氧、氮、硫、磷等几种关键的化学元素；3.有可供摄入的能量来源。

此前卡西尼号的发现已经证实了前两个条件，这次，关键的第三个条件也被补上了。卡西尼号上的中性质谱仪证实，羽状喷泉中含有98%的水，约1%是氢气，剩下的是二氧化碳、甲烷、氨等其他分子混合物。这说明恩克拉多斯内部有着某种机制可以源源不断地产生氢气，这个发现极为重要。恩克拉多斯海洋底部的热水与岩石发生作用生成氢气。假如恩克拉多斯的海洋中存在生命，那么它们可以利用氢气和溶解在水中的二氧化碳来获得能量，从而产生甲烷，这种化学反应就是"甲烷生成过程"，这是地球海底热液喷口附近的生命活动过

程。这个研究成果的论文发布在 2017 年 4 月的《科学》杂志上[1]，全世界几乎所有大媒体都报道了这条大新闻。

5 个月后，科学家们做出了终止卡西尼号任务的决定。卡西尼号一旦燃料耗尽，就必然失控，有可能最终坠毁在恩克拉多斯或者土星系统的其他卫星上。卡西尼号上极有可能携带来自地球的微生物，科学家们不允许卡西尼号污染外星球，所以他们决定让卡西尼号冲入土星浓密的大气层，被高温分解、烧毁。英雄的卡西尼号走完了它伟大的一生，最后的谢幕悲壮而华丽，让无数人热泪盈眶。

卡西尼号的飞行任务虽然结束了，但来自卡西尼号的研究成果却没有完结。13 年来积累的探测数据是一个巨大的宝库，等着科学家们继续寻宝。2018 年 6 月，《自然》杂志发表了一篇论文，标题为《来自土卫二深处的大分子有机化合物》，再次佐证了此前的结论：恩克拉多斯拥有生命活动的所有必要条件。

这篇论文对来自卡西尼号的数据进行了更加详尽的分析，证实在恩克拉多

1 J. Hunter Waite, Christopher R. Glein, *Cassini Finds Molecular Hydrogen in the Enceladus Plume: Evidence for Hydrothermal Processes*[J], Science, 14 Apr 2017: Vol. 356, Issue 6334, pp. 155–159.

斯的羽流中含有浓缩和复杂的大分子有机物质，这些有机物的分子量大于200，这就表明，这种有机物只可能是大分子[1]结构。这些大分子要么是通过复杂的化学过程产生，要么就是来自某些陨石内的原始物质。最大的可能性是这些大分子碎片来源于恩克拉多斯的海底热液，正是这些热液活动驱动了土卫二核心内复杂的化学过程。

论文还有一个非常重要的结论。研究表明，在恩克拉多斯的海底热液喷口的裂隙、孔洞的表面，很有可能存在一层薄的、富含有机物的膜，随着这些海底气泡的破裂，就会产生复杂有机物质的核心。

所有这些研究成果都使得"恩克拉多斯的海洋适宜生命生存"这一假说更具说服力。

这就是截至目前人类对恩克拉多斯的最新认知。NASA对恩克拉多斯的下一个探测计划是SELFI（Submillimeter Enceladus Life Fundamentals Instrument），中文全称是"亚毫米恩克拉多斯生命基础仪"。这个计划是发射一颗专门用于探测波长在亚毫米级的无线电波探测仪，它有能力把恩克拉多斯上空羽流中的所有物质详细地检测出来。因为每一种分子，比如水分子、一氧化碳分子等，都像是一个微小的无线电台，它们都在发射特定波长的无线电波。当然，要探测到这些无线电信号，需要极其灵敏的仪器。过去我们的技术达不到，但是现在我们拥有了这种最先进的探测仪，就能通过无线电波精确探知每一种分子的存在。关于SELFI计划，目前最新的一条消息是2019年3月18日由NASA的官方推特发布的，表明这个计划仍然在顺利推进中，但是具体什么时候能发射，我没有找到任何信息。

让我们一起期待人类揭开恩克拉多斯生命之谜的那一天吧！我在幻想，说

---

1 大分子（macromolecule）：相对分子质量在5000以上，甚至超过百万的生物学物质，如蛋白质、核酸、多糖等，它们与生命活动关系极为密切。

不定有一位青年才俊看完这一章后，立志要探索恩克拉多斯的生命，而在他的领导下，30 年后，一台印着中国国家航天局标志的探险车成功踏上了恩克拉多斯的茫茫冰原……这会让我做个好梦的。

下一章，我将带大家去探索那颗人类探测器最晚抵达的遥远行星——冥王星。

土星

■

新视野号的
三条命

2015 年 7 月 14 日，临近晚上 9 点，新视野号（New Horizons）的首席科学家阿兰·斯特恩（Alan Stern）和 NASA 的局长查尔斯·博尔登（Charles Bolden），一起在美国约翰斯·霍普金斯大学应用物理实验室里，焦急地等待着新视野号飞船向地球传回第一批信号。大约 13 个小时前，远在 40 多亿千米外的新视野号刚刚一次性地飞掠了冥王星（Pluto）及其系统内的五颗卫星。

实验室附近有将近 2000 人一起在等待着新视野号的消息，而全世界还有无数人正坐在电视机和电脑前，关注着这次飞掠行动。回首往事，老科学家阿兰不禁唏嘘。他用了至少 27 年，才使新视野号飞掠冥王星成为今天的现实。他花了 14 年来推广这个项目，花了 4 年来建造和发射飞船，飞船又用了 9 年多时间来穿越太阳系。这一刻，阿兰和他的伙伴们翘首以盼，他们的努力能换回什么结果，很快就能揭晓答案。

阿兰心里很清楚，现实并不像童话故事那样，总会有个美好的结局。在励志故事中，努力的人总会获得丰厚的回报，而在现实中，辛勤一辈子却竹篮打水一场空的科学家比比皆是。

如果要评选史上经历磨难最多的太空探测器的话，我肯定会把票投给新视野号。它就像是经历了九九八十一难才抵达西天的唐僧，但要想取回真经，还差最后这么一锤子买卖。冥王星的质量非常小，引力很弱，新视野号的速度太快，以至于无法泊入冥王星环绕轨道，只能是一次性飞掠。所以，要取到冥王星的有效信息，只有一次机会。

从新视野号发出的无线电波大约需要 4 个小时才能抵达地球，所以，阿兰知道，虽然还没收到信号，但此时此刻结果已经决定了。在阿兰的感觉中，这几分钟就像一个世纪一样漫长，他的脑海中不断闪现着新视野号多舛的命运。

让我们把时间拉回 1999 年，NASA 在全国范围内征集 PKE 任务的具体方案，PKE 任务的全称是"冥王星－柯伊伯快车"（Pluto-Kuiper Express）。这个任务的前身叫作"冥王星飞掠探测任务"，是由 NASA 喷气推进实验室于 1992 年提出的，预算是 4 亿美元，预计最快在 1998 年发射，飞七八年到达冥王星。这个计划得到了时任 NASA 局长丹尼尔·戈尔丁的大力支持。可是计划在推进过程中非常不顺利，主要原因是花费太高。到 1995 年，任务演变为冥王星快车任务（Pluto Express），预算从 4 亿美元降为 3 亿美元。到 1999 年，这个计划增加了探测柯伊伯带（Kuiper belt）[1]小天体[2]的任务，于是又更名为 Pluto-Kuiper Express，简称为 PKE 任务。

阿兰·斯特恩当时是美国西南研究院空间科学与工程部的副主任，他所带领的团队受到了 NASA 的邀请，提出 PKE 任务的详细设计方案，方案最核心的部分是采用何种设备来观测冥王星和柯伊伯带的小天体。阿兰他们当时提出的方案是由照相机和光谱仪组成的一套组合设备。但是，好景不长，在资金预算

---

1 柯伊伯带：太阳系在海王星轨道之外黄道面附近、天体密集的中空圆盘状区域。

2 小天体（asteroid）：太阳系中类似行星环绕太阳运动，但体积和质量比行星小得多的天体，绝大多数的小行星都集中在火星与木星轨道之间的小行星带。

方面又出现了问题。这个任务的预估费用一再增加，很快就要接近8亿美元了[1]，这下NASA吃不消了，终于在2000年9月，NASA甚至都还没有选择发射什么设备飞往冥王星，就取消了PKE计划。

阿兰一年多的工作成果眼看着就要化为乌有。然而，令他和NASA都没有想到的是，突然神兵天降，取消行为遭到了空前的压力。首先是行星科学界的科学家们联名公开谴责NASA的这个决策，要求恢复项目。然后这种情绪很快传导到公众身上，NASA的热线电话几乎被打爆了，NASA还收到了一万多封抗议邮件。有一个十几岁的小伙子甚至开车横跨整个美国，来到位于华盛顿哥伦比亚特区的NASA总部请愿。在这件事情上可见美国人对太空探索的热情有多高，也从一个侧面反映出一个国家公民的科学素养水准。2017年，我国也发生了两次类似的事件，一次是关于中国是否要建设大型强子对撞机的争论，另一次是关于中国建设大型通用型光学望远镜的设计方案的争论。这两次争论也在公众中引起了较大的反响，虽然与美国的这次事件比起来是小巫见大巫，但在我看来这是一个非常好的现象，说明我国公民的科学素养在逐步提高。

3个月后，NASA终于扛不住公众舆论的巨大压力了。2000年12月，他们宣布了一个补救方案。这个方案有点意思，NASA宣布要组织一场竞赛，在达成PKE任务目标的前提下，花的钱只能是之前预算的一半，并且必须让飞行器在2020年前抵达冥王星。说实话，NASA的这一招还真够绝的。本以为这是一项不可能完成的挑战，哪知道，NASA最终从不同的团队那里收到了五个方案，每一本方案书都像电话号码簿那样厚。人类的创造力也真是惊人，被逼急了什么都能想出来。阿兰也领导团队提交了一个方案，他们把这个方案取名为"新视

———

1 史腾著，高涌泉翻译，航向最遥远的行星 [J]，科学人杂志，2002。

103

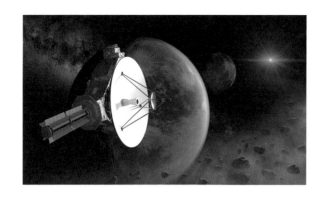

新视野号探测器

野号"，英文是"New Horizons"，有些书也将其直译为"新地平线号"，我这里采用中文世界更常见的一个译法。

阿兰的团队来自两个单位：一个是阿兰所在的美国西南研究院，负责探测器的设计；另一个是约翰斯·霍普金斯大学的应用物理研究所，负责飞船的建造与控制。在怎么省钱上，他们主要想出了两个大招——

第一，只发射一艘飞船。你可能没搞懂，难不成原计划要发射两艘？是的，按照过去NASA发射宇宙探测器的惯例，对某颗行星的首次探索任务都是要双保险的，从无例外。因为只发射一艘，失败的风险太大了。现在，阿兰团队大胆地提出就发射一艘，这样就可以省出一大笔钱。虽然话说得容易，但真要做到降低失败率那不是拍拍胸脯就够的，需要大量实实在在的技术提高。

第二，让飞船在飞往冥王星途中的近10年内休眠，这样就可以节约人力成本。这话说得容易，但要做到这一点，就意味着飞船航线的精度必须高到令人咋舌。用数据来说，就是必须让飞船在完全没有中途航线修正的情况下，在飞行9年半后，在一个9分钟的时间窗口内抵达冥王星，还要穿过一个只有56千米×97千米的空间窗口。听上去有5000多平方千米的面积，但是要提前将近10年就设计好路线，在40亿千米之外控制飞船穿过那个空间窗口，就好比从上海一杆把高尔夫球打到乌鲁木齐的球洞里面，这个难度可想而知。

阿兰他们经过不厌其烦地修改和完善，无论是技术实施，还是科学小组成员，又或是在计划管理、教育、公众宣传、成本控制，甚至是在应急措施上，终于让这个计划变得无可挑剔。2001 年 11 月底，NASA 正式宣布：新视野号在所有候选方案中胜出。

这时候，阿兰的研究小组还剩下 4 年零 2 个月的时间完成飞行器的设计、建造和检验，而在 NASA 以往的飞行任务中，比如旅行者号、伽利略号和卡西尼号，这样的过程都用了 8—12 年。现在阿兰他们需要把时间缩短到原计划的一半甚至三分之一，预算方面就更加寒碜了，只有旅行者号经费的五分之一。

正当阿兰团队撸起袖子准备大干一场的时候，又出幺蛾子了。

确定新视野号方案获胜还不到 3 个月，小布什（George Walker Bush）政府就突然宣布要取消新视野号的任务，把它从 2002 年年初发布的美国政府的预算中去除，这使得美国国会和白宫发生了一场旷日持久的经费战。大概半年后，在 2002 年的夏天，美国科学院将冥王星探测列在了行星探测"十年调查"项目的首位，并且说服了足够多的议员，向他们证明了该任务的巨大价值，这场经费战才得以平息。我们可以想象在这半年中阿兰团队的煎熬，那真是要对这项事业无比热爱才能坚持下来的。

关于经费的摩擦暂时平息了。但是没想到，洛斯阿拉莫斯国家实验室又横生枝节。这个实验室于 1943 年成立，因为研制出了世界上第一颗原子弹而声名远播。新视野号的核燃料电池要靠这个实验室生产，它在新视野号研发期间两次停止运行，每次停运都持续了好几个月，这严重削减了钚（Pu，读bù）的产量。这些困难让 NASA 和科学界的很多人曾经都不看好新视野号。但阿兰他们夜以继日、全年无休地勤奋工作，最终按时把新视野号送上了发射台。

2006 年 1 月 19 日，在美国佛罗里达州的卡纳维拉尔角空军基地，新视野号成功发射，45 分钟后，第三级火箭分离，新视野号脱离地球引力，朝木星飞去。它将在 1 年零 1 个月后抵达木星，然后借助木星的引力助推，飞向冥王星。预计抵达目标的时间是 2015 年 7 月 14 日，这是一次超远距离的一杆进洞表演。

新视野号配备了短暂飞掠冥王星系统时所需要的一切东西。它的工作端装载了多台仪器，包括两部相机、两台可以将不同波长的光分开从而分析天体的大气组成和表面物质组成的光谱仪、一台研究撞上飞船的那些尘埃的威尼西亚·伯尼学生制测尘器、两个用来测量冥王星的大气逃逸速度以及逃逸气体的成分的空间等离子体传感器，还有一个用来测量冥王星的表面温度、随高度变化的大气温度和气压的无线电探测包。

这些仪器大大地提高了新视野号的科研能力。新视野号采用的是 21 世纪的技术，而旅行者号这样的航空器用的还都是 20 世纪六七十年代的仪器。旅行者 1 号装载的成像光谱仪只有 1 像素，而新视野号的成像光谱仪有 6.4 万像素。有了这些先进的技术，再加上比旅行者号的磁带大上 100 多倍的数据存储量，新视野号的探测效率远超以往任何飞掠任务。

新视野号的任务主要包括：用七种仪器对冥王星及其五颗卫星做 400 多次观测；搜寻可能伤害飞船的障碍物；寻找新的卫星和环结构；不断观测冥王星，对其位置进行三角测量，从而精确定位；控制飞船引擎，使它精确地完成飞掠目标的任务；传输靠近目标时获得的所有数据。

光阴荏苒，9 年多过去了，时间终于走到了 2015 年 7 月 14 日，最后的时刻终于来临了。阿兰·斯特恩从 30 多岁开始跟进这个项目，这时已经 58 岁，满头黑发的小伙已经变成了头发半白的大叔。他坐在那里，静静地等待着新视野号的命运，也在等待着自己的命运。

新视野号的任务运行主管叫爱丽丝·鲍曼（Alice Bowman），是一位中年女性。任务运行主管的英文是 "mission operations manager"，首字母的组合刚好是 "mom"，"妈妈" 的意思，而爱丽丝又是一位女性。所以，新视野号的运行团队

阿兰团队庆祝新视野号成功，
图中高举的是放大后的冥王星
邮票，票面上"尚未探测"的
"尚未"二字被划去

成员都亲切地把爱丽丝称为"mom"。

美国东部时间 7 月 14 日 20 点 52 分 37 秒，爱丽丝通过扩音器冷静地宣布："我们与新视野号的遥测系统锁定。"

她的话音刚落，整个中心立即响起了掌声，人们沸腾了，大家振臂欢呼、击掌庆祝、挥舞旗子、相互拥抱。接着，非常有趣的一幕发生了。

坐在爱丽丝身后、负责新视野号 RF 通信系统[1] 的小伙报告："妈妈，我是冥王星一号的 RF 通信系统。"

爱丽丝说："请继续，RF。"

小伙说："RF 通信系统报告：载波功率额定，遥测标称信号噪声比额定。RF 通信系统正常。"

爱丽丝说："收到，RF 通信系统正常。"

---

1 RF 通信系统（radio frequency communication）：射频电流（简称 RF）是一种高频交流变化电磁波，当电磁波频率高于 100kHz 时，电磁波可以在空气中传播，并经大气层外缘的电离层反射，形成远距离传输能力，射频通信就是利用射频进行信息传输的无线通信方式。

冥王星

大厅中立即响起了会心的笑声，大家听出来了，他们这是在玩角色扮演呢。

接下去，所有的飞行工程师一个接一个地学着 RF 的口气，跟"妈妈"汇报飞船工作系统一切正常。当所有人都报告完毕后，办公室的门被推开，掌声雷动，阿兰·斯特恩在众人的注目下走了进来，他高举着双臂，脸上洋溢着幸福的笑容，与"妈妈"来了一个热情的拥抱。

这一刻是对他所有努力的最佳回报，阿兰他们用了将近 30 年的时间，克服了无数的困难，用了"三条命"，终于打通关了。

第二天一早，新视野号就已经将它拍摄的第一组高清图像发回了地球，让人们看到冥王星是一个复杂到令人称奇的世界。此后几个月，飞船陆续传回数据，一直持续到 2016 年年末。总体而言，新视野号用七种科学仪器实施了至少 400 次独立的观测，在这个过程中获得的数据量是 NASA 首次火星探索任务水手 4 号（Mariner 4）获得数据的 5000 倍。

这批科学数据使人们对冥王星系统的认知产生了革命性的巨变，颠覆了我们对小行星的普遍看法——原来它们也可以这么复杂，这么活力四射。公众对此次任务反响热烈。阿兰他们的任务网站增加了 20 多亿次的访问量，飞掠冥王星的新闻在那一周占据了 500 多家报纸的头条，并登上了数十家杂志的专题，还出现在了谷歌首页涂鸦的地方。这样热烈的反响让阿兰感到既欣喜又意外。

那么，新视野号究竟取得了哪些令人惊讶的成果呢？

航拍火星地表

重新认识
冥王星

1930 年 2 月 18 日，在美国的洛威尔天文台，一位叫克莱德·威廉·汤博（Clyde William Tombaugh，1906—1997）的 24 岁青年坐到了闪视比对仪前。这种仪器的原理其实很简单：在它的工作面上可以一左一右放入两张天文照片，观察者通过一个观察目镜来观察照片，有一个切换扳手可以快速切换目镜中呈现的是左侧还是右侧的照片。这样一来，观察者就很容易看出两张照片的微小差异。这有点像是一个破解"大家来找茬"游戏的神器。为什么要这么设计呢？因为在那个年代，天文学研究特别像是玩"大家来找茬"的游戏。想象一下，假如你在同一片天区的不同时间拍下两张照片，在忽略掉所有天体都存在的总体移动后，用这种方法就可以发现在天空中异常移动的天体。夜空中绝大多数天体都是相对不动的恒星，如果找到了一颗会移动的天体，往往就意味着一颗新的行星或者彗星被发现了。在那个年代，发现这类新天体是天文学的重要活动之一。但这个游戏是极其枯燥的，绝对需要超出常人的毅力。

　　汤博就是这样一个有着超常毅力的年轻人。他这次放入的两张照片前后相隔了 5 天，他操作着扳手，迅速地来回切换着。他惊喜地发现，这两张照片中存在一个明显移动的光点。就这样，冥王星被发现了，而 24 岁的汤博也因为这个发现被永久地载入了天文学的史册。

在很长一段时间内，冥王星都是以太阳系第九大行星的地位存在的，直到
2006 年，国际天文学联合会（International Astronomical Union，IAU）把它降格
为矮行星[1]。从此，太阳系就变成八大行星了。冥王星绕太阳一圈需要 248 地球
年，所以，从发现它至今，还不到半冥王星年。冥王星的公转轨道也很特殊，
太阳系八大行星的公转轨道基本上都是处在同一个平面上的，但冥王星的轨道
却是倾斜的，与黄道面有一个 17° 的夹角，就好像有人潇洒地歪戴着帽子。而
且它的公转轨道和海王星的公转轨道有交叉。也就是说，冥王星每一圈都在相
当长的时间里比海王星距离我们更近。事实上，在 20 世纪八九十年代的大部分
时间里，海王星才是太阳系里离我们最远的行星。到了 1999 年 2 月 11 日，冥
王星才回到外侧的轨道，它将在那里停留 228 年的时间。

在新视野号抵达冥王星之前，我们对冥王星的认知非常有限。因为冥王星
不但离我们很远，而且体积非常小，它比月球还小。所以，它在夜空中不可能
被肉眼看见。下次你抬头看木星的时候，就想象一下把你看到的这颗星星缩小
到 1/4900，那差不多就是冥王星在我们眼中的大小（假如肉眼能看到的话）。所
以，即便是在哈勃太空望远镜这么强大的观测能力下，冥王星也不过就是一
个小小的圆盘，除了表面上似乎有一些大规模的斑块外，几乎看不到任何细
节。此外，我们还知道冥王星有五颗卫星，它有稀薄的大气，它的表面是红色
的，含有固态的甲烷、氮和一氧化碳。还有证据表明，它的一个极区覆盖着冰
盖——当然不是水冰，而是氮冰。人们对冥王星的知识，在新视野号抵达之前，
基本上也就是这些了。

2015 年 7 月，在被人类发现的第 85 年，冥王星终于迎来了它的第一个地球访

---

1 矮行星（dwarf planet）：又称"侏儒行星"，体积介于行星和小行星之间，围绕恒星运转，质量足以克服固体引力
 以达到流体静力平衡（近于圆球）形状，没有清空所在轨道上的其他天体，同时不是卫星。

客——新视野号。新视野号没有令我们失望，它带给了我们许多意想不到的发现。

在新视野号抵达前，行星科学家们对冥王星的表面是否存在凹凸地貌已经争论了数年。一些科学家认为，冥王星的表面不可能存在太大的起伏，因为氮冰十分脆弱，很容易在自身重力下坍塌，所以厚厚的一层氮冰让冥王星不可能形成任何高海拔的地貌。新视野号拥有立体视觉，它能像我们的眼睛一样，从两个不同的角度观测地形，拍出立体的相片，然后估算冥王星表面地貌的海拔高度。当新视野号抵达冥王星时，最初获取到的一些高清图像就表明，这颗行星表面的山脉高度可达惊人的 4500 米。这说明冥王星表面的氮冰或许只是一层薄薄的壳，在它下面有山脉。

进一步的数据显示，冥王星的地貌多样性令人惊叹，有大片的冰川、绵延几百千米的断层系统和巨型冰块碎裂产生的杂乱多山的地貌，还有被消退的甲烷冰所切削出来的悬崖。在一些山上，还有甲烷构成的雪顶。另外，还发现了几千个直径 1.6—10 千米的深坑，估计是赤道平原处的氮冰升华形成的。

一个非常重要的发现是，冥王星表面有一块巨大的冰川，当然也是氮冰冰川，它被命名为"斯普特尼克平原"（Sputnik Planum）。这是为了纪念人类发射的第一颗人造卫星——苏联的斯普特尼克 1 号（Sputnik-1）。这块平原的面积达到了 80 万平方千米，相当于八个江苏省那么大。新视野号还观测到，周围的山脉会通过冰川或者雪崩为它补充冰。

按照传统的观点，冥王星这么小的天体应该很早就冷却了，不应该再有什么地质活动。但是观测证据表明，这种观点完全错了，有两个发现证明冥王星存在活跃的地质运动。

第一个证据是，在斯普特尼克平原上有纹路，而且有冰在流动，这说明平原下面有热源，从而产生了活跃的地质活动。

第二个证据是，冥王星表面的撞击坑分布极不均匀。既有 40 多亿岁饱受摧残的古老表面，也有 1 亿—10 亿岁的中年表面，还有几乎没有任何撞击坑的大平原，年龄不会超过 3000 万年，甚至有可能年轻得多。这样大的地表年龄跨度

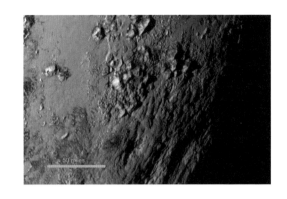

冥王星赤道附近的年轻山脉，该冰山海拔高达 3500 米，年龄不超过 1 亿岁，与 45.6 亿岁高龄的太阳相比非常年轻

是科学家们始料未及的，这充分证明冥王星有活跃的地质运动。但是，这些地质运动的能量来源是什么呢？这就是新视野号留给我们的谜题了。

通过分析新视野号发回的照片，冥王星又带给我们另一个谜题。根据可见光 - 红外成像光谱仪的探测数据，科学家们发现冥王星上有水冰。发现水冰倒不算稀奇，像冥王星这样的冰冻星球，有水冰是很正常的，太阳系中的绝大多数冰冻星球都有水冰，可以说水是太阳系中最常见的物质之一，只不过液态水是极为金贵的。但这次的发现很不寻常，因为新视野号发现了暴露在地表的水冰。

这就很奇怪了！相对于氮冰、甲烷冰来说，水冰的挥发性要低得多，因为前两种气体的挥发和冻结造成的降雪应该会频繁得多，这样一来，冥王星上的绝大部分地区都应该被氮冰和甲烷冰等更具挥发性的冰覆盖。水冰一般会被掩埋在其他冰层的下面，很难露在地表。而且，更奇怪的是，新视野号只在冥王星的红色区域发现了裸露的水冰，它们之间是否有特殊关联呢？对此我们还无法给出一个令所有人信服的解释。

另一项有趣的发现是，冥王星的天空是蓝色的，和地球上的蓝天居然很像。这次新视野号对冥王星的大气层有了进一步的了解。冥王星大气层也有几十万米厚，有十多个同心的雾层，这些雾层由一种很复杂的有机分子构成，这种有机分子与土卫六大气中的有机分子有本质的相似，他们被卡尔·萨根命名为"索林斯"（Tholins），正是这些有机分子让冥王星的天空看起来是蓝色的，但冥王星的上空几乎没有云。

我幻想着有一天，当宇航员踏足冥王星时，他们抬头看到美丽的蓝天，会不会有一种恍惚回到地球的感觉呢？然而，2019 年 5 月发表在《天文学和天体物理学研究》（*Research in Astronomy and Astrophysics*）杂志上的一篇论文无情地击碎了我的这个幻想。[1]

在这篇论文中，来自澳大利亚塔斯马尼亚大学的安德鲁·科尔（Andrew Cole）和他的研究团队宣布：冥王星大气很可能在 2030 年消散殆尽！他们的计算表明，在过去 30 年里，冥王星的大气压增加了两倍。数学模型显示，随着时间的推移，冥王星大气的大部分将被凝结。预计到 2030 年的时候，整个星球的大气都会消失。也就是说，假如他们的计算是正确的，那么，当宇航员踏足冥王星时，他们将无法看到蓝色的天空。

新视野号对冥王星的质量、体积、形状都进行了非常精确的测量，有了这些数据，行星科学家们就可以构建冥王星的内部结构模型。他们间接证明了冥王星在地表几百千米下的温度和压强有望达到水的熔点。换句话说，那里可能存在液态水的海洋。

除了以上这些较为重大的发现，新视野号还有一些有趣的小发现。例如，冥王星上的固态甲烷堆积成了一座座高度超过 300 米的尖塔，规则地排列在一起，绵延几百千米。还有年轻的巨型冰火山，只有 3 亿到 6 亿岁。还有一定的迹象表明，冥王星上有可能存在河道网络和一个冰冻的湖泊，这意味着冥王星

---

1 J. Desmars, E. Meza, B. Sicardy, *Pluto's Ephemeris From Ground-based Stellar Occultations (1988-2016)* [J], A&A, May 2019: Vol 625, Issue A43, pp14.

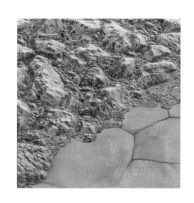

冥王星上的固态甲烷

以前的气压要高得多，甚至比今天的火星还要高，当时液体可以在地表流动，甚至能形成湖泊。

所有这些发现都让科学界震惊——矮行星的复杂程度，竟然也能和地球、火星比肩。

冥王星有五颗卫星，其中最大的一颗叫卡戎（Charon）。实际上，卡戎算不算是冥王星的卫星，一直有很大的争议。因为与冥王星相比，卡戎的个头实在是太大了，它的直径刚好是冥王星的一半。也就是说，一个冥王星是八个卡戎的大小。因此，它们的共同质心[1]是在冥王星外部的。所以准确地说，并不是卡戎绕着冥王星转，而是它们手拉着手一起转圈。另外，卡戎的质量也足以让它成为一个球形。所有这些特征都符合国际天文学联合会 2006 年对矮行星的定义。所以，冥王星和卡戎应当构成了一个双矮行星系统。但习惯的力量很强大，从 1978 年发现卡戎起，我们就一直把它叫作冥王星的卫星，很难改过来了。

---

1 共同质心（center of mass），质量中心，指物质系统上被认为质量集中于此的一个假想点。

卡戎

这次新视野号也对卡戎和另外四颗卫星进行了观测，人类首次看到了卡戎的外貌。卡戎也是一颗发红的天体，最明显的特征有两个：一个是颜色特别红的极区，还有一个就是一条很深的大峡谷，比美国的科罗拉多大峡谷还要深5倍，峡谷两边有大量的山脉。卡戎没有大气，表面也没有易挥发物质。不过，在卡戎的表面覆盖着特有的氨冰。通过对撞击坑的计数，科学家们推测出卡戎的表面似乎有40亿岁了，而且不同地区的年龄差异不大，这说明卡戎是一颗死气沉沉的星球，地质活动在它形成后不久就停止了。

那个特征最明显的红色极地冰盖，根据推测，似乎是由甲烷和氮构成的。科学家们推测，这些物质来自冥王星，它们从冥王星的大气层中逃逸出来落在了卡戎冰冷的两极，在那里经过紫外线的照射变成了红色的碳氢化合物，也就是索林斯。

冥王星的另外四颗卫星都很小，小到无法形成球形。新视野号在它们身上也发现了一些奇怪的事情，它们的表面物质几乎和卡戎一样，但是光反射率却是卡戎的2倍，这就显得很奇怪，目前还没有合理的解释。

要特别提醒的是，以上那么多丰富的发现，可不是像我们之前探测其他大行星那样，探测器绕着大行星一圈圈地转，逐步收集到的数据。因为冥王星的质量太小，探测器的相对飞行速度大约是 14 千米 / 秒，根本不可能泊入冥王星的轨道，成为冥王星的卫星。新视野号只能在飞掠冥王星的时候，一次性地采集所有需要的数据，然后再全部发回给地球。这就好像你坐在高铁上，呼啸着经过一个小站，你只能先记录下看到的一切，然后再慢慢分析。

新视野号记录下来的所有关于冥王星系统的数据都已经在 2016 年年末传回了地球，但分析工作还远没有结束。这些数据的体量非常庞大，需要很多年才能消化完，预计还会有更多有关冥王星表层结构、内核、起源、大气，以及卫星的科学发现。

新视野号圆满完成了探测冥王星的既定任务，状态一切良好，并且还携带着宝贵的变轨燃料。对于任何深空探测器[1]来说，燃料都是最为珍贵的东西。一般来说，只要燃料没有用完，科学家们是不可能让探测器退役的。新视野号的任务自然也不会就此结束，阿兰团队决定让新视野号继续探测柯伊伯天体带中的小天体。

他们要在新视野号前进的路线附近寻找一个目标，稍微调整一下新视野号的航线，在尽可能少用燃料的前提下，让它朝着目标飞去。最终，他们选定了一颗名为 2014MU69 的小天体作为探测目标。这个名字听着有点像是中国东方航空的航班号。这块古老的红色岩石在远离太阳的深空中，被冰冷地封存了 40 多亿年，保持着太阳系形成之初的原始状态。这很像是一次太阳系考古活动，让我们可以回溯到太阳系形成之初。令阿兰他们没想到的是，这个决定让新视野号在 2019 年年初再次成为全世界的焦点。

这个小天体最初是在 2014 年由哈勃太空天文望远镜发现的。这已经是新视野号起飞后的第 8 年。但是它的发现并不是一个偶然，科学家们早就在思考新

---

1 深空探测器（space probe）：又称空间探测器或宇宙探测器，其显著特点是必须具备在空间中长期飞行的自主导航能力，必须采用核能源系统，需要采用特殊的防护结构和特殊的形式。

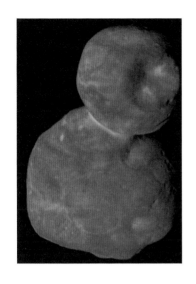

新视野号拍摄的"天涯海角"

视野号飞掠冥王星之后的下一个任务，他们需要提前为新视野号规划探测目标。于是，NASA 的科学家们利用哈勃望远镜为新视野号物色目标，2014 年发现的这个小天体就是其中之一。当 MU69 被确定为新视野号的下一个探测目标后，NASA 举办了一个面向全世界的征名活动。来自世界各地的 11.5 万人给出了 3.4 万多个名字，最终，NASA 为 MU69 选定的名字是"Ultima Thule"，这是一个拉丁文名字，含义是"超越已知世界的边界"。它的中文译名很传神，叫"天涯海角"。新视野号预计飞掠它的时间是 2019 年 1 月 1 日。

一切都在牛顿定律的精确预言中发生，分秒不差。新视野号提前一天就开启了全套设备，开始对"天涯海角"进行观察。2018 年 12 月 31 日，第一张照片传回，这是新视野号在距离"天涯海角"约 50 万千米的地方拍摄的。阿兰和他的团队惊讶地发现，"天涯海角"竟然是一个葫芦的形状。用阿兰的话说，这张 2018 年拍摄的照片太像一个"8"字了。第二天，2019 年来临了，世界协调时间凌晨 5 点 33 分，新视野号在距离"天涯海角"3500 千米处飞掠，所有的相机同时启动，数据以光速发回地球，大约 4 个小时后，阿兰团队收到清晰的"天涯海角"照片。在第二天召开的新闻发布会中，阿兰说："这就是几天前，也就是 2018 年 12 月 31 日得到的图像。这是新视野号在大约 50 万千米范围内获得的'天涯海角'的图像，这是人类目前能获得的最棒的图像。好吧，这个图像是如此 2018。让我们来见见'天涯海角'2019 版吧。就像（新视野号）对冥王星的探索一样，我们的喜悦无以复加。你所看到的是航天器探索史上的第一个密接双星。这是两个完全独立的对象，但现在，它们连接在了一起。"

从传回来的清晰照片中，我们可以看到，"天涯海角"由一大一小两个红色岩石球体构成。阿兰把这个形状比喻为"雪人"，这种形状在太阳系中极为罕见，不过，著名的哈雷彗星的彗核也是这个形状。45 亿年前，在太阳系形成的初期，太空中的两个小碎片一边互相围绕着旋转，一边彼此靠拢，最终万有引力把它们粘在了一起。"天涯海角"就像是太阳系中的活化石，生动地向我们展示了太阳系早期行星的形成过程。新视野号就像一台时光机，把我们带回了太阳系的诞生之初，让我们看到了凝固的时间。对"天涯海角"的进一步研究，有助于我们了解太阳系的行星是如何形成的。

新视野号目前的服役期是到 2021 年，它至少可以近距离地研究 24 颗小天体，同时，它还将在柯伊伯带深处测量宇宙环境的性质，如氢气、太阳风，以及远离太阳势力范围的带电粒子等。阿兰相信，5 年服役期结束后，NASA 还会进一步延长新视野号的探测任务，直到 2035 年或更久，因为新视野号目前状态良好，还有足够的燃料和电力供它继续运行并与地球通信。我相信新视野号在未来的很长一段时间内，还会一直给我们带来各种意想不到的新发现。在这里，我要向阿兰和他的团队表达我的敬意，他们的出色工作满足了我们无止境的好奇心。

下一章，我们要从太阳系的边缘回到离太阳最近的一颗行星——水星。在日常生活中，"水星没有水"常常和"熊猫不是猫""烟花不是花"一起来形容不合逻辑的命名方法，然而，水星上真的没有水吗？

木星风暴

10

水星
上有水吗?

北京时间 2014 年 10 月 8 日傍晚 5 点 30 分，太阳刚刚西沉，天色渐暗，美丽的晚霞还在西边的天空中绽放着余晖。南京紫金山天文台的天堡城观景平台上已经人头攒动，人们正翘首以待，等待着一个难得的天文奇观的来临。

傍晚 5 点 45 分，突然，人群沸腾起来。在紫金山东南方向的山头上，一轮血红的月亮正在冉冉升起。在月亮的左上方，一弯亮闪闪的金色月牙正在慢慢退去。这就是中国天文爱好者期待了很久的红月亮带食月出[1]。这是一次难得的月全食，由于月亮的位置正好位于地球阴影的边缘，地球大气层散射出来的晚霞霞光映红了整个月亮。[2]

全球有数亿人通过网络直播收看了这次红月亮的天文奇观。但是，我们不知道的是，远在 1.07 亿千米外的遥远太空中，还有另外一双眼睛正在注视着这次月全食，这个遥远的观察者就是正在水星执行任务的信使号（MESSENGER）探测器。

信使号从北京时间 17 点 18 分开始，每隔 2 分钟，就向着地球的方向拍摄

---

1 带食月出：月亮在月食的过程中升起，可以理解为月亮在升起时就被 " 咬 " 掉了一口。

2《紫金山天文台举办 2014 年月全食观赏活动》，中国科学院官网，2014 年 10 月 13 日。

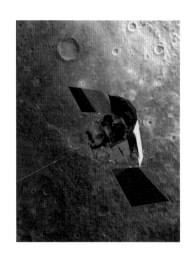

信使号探测器

一张照片，从遥远的外太空拍摄了月球进入地球阴影的全过程。信使号的团队把这些照片编辑成了一个长度只有 5 秒钟的视频。从水星的视角来看，地球和月球就像两颗互相绕转的明亮恒星。在月食发生的时候，月球的亮度逐渐变暗，慢慢消失在地球的阴影之中。[1]

你可不要以为，这个名叫信使号的探测器大老远地跑到一亿千米之外，就是去拍摄月全食的。信使号的主要任务是对水星表面、空间环境以及水星的地质化学等项目展开深入的探测研究。

虽然信使号名为"信使"，但它的水星之旅并不怎么迅捷，甚至可以称得上是相当坎坷。信使号从 2004 年 8 月 3 日发射升空，到 2011 年 3 月 18 日才正式泊入水星轨道。整个过程用去了差不多 7 年的时间。

---

1 参见 NASA 官网发布的视频：MESSENGER's View of a Lunar Eclipse。

我在第一次看到这个数据的时候，是吃了一惊的。著名的卡西尼－惠更斯号土星探测器是 1997 年发射升空的，到 2004 年泊入土星环绕轨道，也同样用了将近 7 年的时间。但是地球到土星的距离有平均 8.5 个天文单位[1] 那么远。这个距离是地球到水星距离的 14 倍。既然距离差了 14 倍，为什么用的时间却是差不多的呢？这太奇怪了。

回顾历史，人类发射的第一个水星探测器水手 10 号（Mariner 10）根本没有花费 7 年这么长的时间。水手 10 号于 1973 年 11 月 3 日发射升空，1974 年 3 月 29 日就实现了首次水星飞掠，这中间只用了短短 4 个多月的时间。同样是水星探测器，到底是哪些差异让晚发射 30 年的信使号花去了 7 年的漫长时光呢？这就要从它们轨道的差异说起了。

水手 10 号的最终目标是成为一颗绕着太阳运行的人造行星，通过不断飞掠水星来实现对水星的探测。而信使号的任务则是成为一颗绕着水星旋转的人造卫星，这就是两个探测器的本质差别。

与那些向着外太阳系[2] 飞行的探测器不同，信使号要想靠近水星，就必然要接近太阳，挑战太阳重力场深处的强大引力。信使号越接近太阳，太阳引力带来的加速度就会越大。如果信使号没有给自己减速的办法，最终的结果将与水手 10 号一样，只能成为环绕太阳旋转的人造行星，再也无法泊入水星的卫星轨道了。所以说，慢有慢的道理。

下面，我会尽量用简练的语言来为你讲解信使号泊入水星轨道前的这段经历，好让你知道信使号的 7 年航程是多么坎坷和不容易。

---

1 天文单位（Astronomical Unit, A.U.）：天文学中计量天体之间距离的一种单位，其数值取地球和太阳之间的平均距离，1A.U.=149,597,870 千米。

2 外太阳系（Outer Solar System）：太阳系以小行星带为界，分为内太阳系和外太阳系，太阳与小行星带之间的区域是内太阳系，小行星带以外部分是外太阳系。

2004 年 8 月 3 日，一枚三角洲 2 号运载火箭从佛罗里达州的卡纳维拉尔角空军基地发射升空，上面搭载的便是故事的主角——信使号。信使号升空的第一年，几乎就是以一颗人造小行星的身份沿着地球轨道绕着太阳旋转。

2005 年 8 月 2 日，也就是信使号发射整整一年的日子，信使号第一次飞掠地球，并利用地球的引力弹弓效应，将自己甩入内太阳系中金星轨道的方向。这时，信使号的轨道从与地球轨道一致，变成了一个椭圆形，椭圆形的一端与地球轨道相切，另一端则与金星轨道相切。

2005 年 12 月 12 日，信使号点燃助推器，做了第一次深空机动调整，为第一次飞掠金星做好了准备。然后，信使号再次飞掠过地球轨道，正式向着金星飞去。

2006 年 10 月 24 日，信使号正式飞掠金星。利用金星的引力弹弓效应，信使号把自己的轨道调整为与金星轨道几乎同步的椭圆。这样，在第 224 天，也就是一个金星年之后，信使号就可以再次飞掠金星，并向着目标——水星进发了。

2007 年 6 月 5 日，经过深空机动调整过的信使号准确地第二次飞掠金星。并且利用金星的引力弹弓效应，将自己甩向水星轨道。这时，信使号的轨道就从与金星同步变成了一头与金星轨道相切，另一头与水星轨道相切的椭圆了。

接下来的事情变得更加困难了。虽然地球与金星的绕日轨道也是椭圆，但毕竟还是一个接近于正圆的椭圆。水星的轨道却完全不同，它有着所有行星中最大的轨道偏心率[1]。水星离太阳最远的时候，距离足足有近日点[2]的 1.5 倍之多。

为了能够追上水星的步伐，信使号不得不 6 次深空机动变轨来瞄准水星，3 次飞掠水星，利用水星的引力弹弓效应调整轨道，最后终于让自己的绕日公转

---

1 偏心率（eccentricity）：用来描述圆锥曲线轨道形状的数学量，指曲线到定点（焦点）的距离与到定直线（准线）的距离之比。

2 近日点（perihelion）：星体绕太阳公转的轨道大致是一个椭圆，太阳位于椭圆的一个焦点上，并非椭圆的中心，星体离太阳最近这一点的位置叫作近日点。

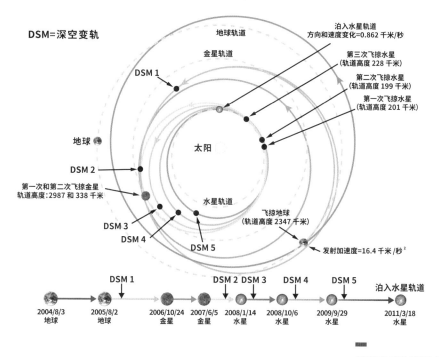

DSM=深空变轨

地球轨道
金星轨道

DSM 1

泊入水星轨道
方向和速度变化=0.862 千米/秒

第三次飞掠水星
（轨道高度 228 千米）

第二次飞掠水星
（轨道高度 199 千米）

第一次飞掠水星
（轨道高度 201 千米）

地球

太阳

DSM 2

第一次和第二次飞掠金星
轨道高度：2987 和 338 千米

水星轨道

DSM 3

DSM 4

DSM 5

飞掠地球
（轨道高度 2347 千米）

发射加速度=16.4 千米/秒²

DSM 1　　　DSM 2　DSM 3　　DSM 4　　DSM 5　　泊入水星轨道

2004/8/3　2005/8/2　2006/10/24　2007/6/5　2008/1/14　2008/10/6　2009/9/29　2011/3/18
地球　　　地球　　　金星　　　金星　　　水星　　　水星　　　水星　　　水星

信使号复杂的航行轨道

轨道及飞行速度与水星基本同步。2011 年 3 月 18 日，在距离发射时间 6 年零 228 天的时候，信使号终于如愿以偿，进入了水星的引力圈，成为一颗绕着水星旋转的人造水星卫星。

不管你能否完全理解上面的一番描述，但我们都可以感受到信使号旅程的坎坷和艰难。如果你觉得前面的语言描述还不够直观，那不妨看下上面这幅信使号的航行轨道示意图。

那么，有没有更简单的办法能够直接到达水星呢？当然有。只要用更大的火箭发射信使号，带上更多的燃料，就可以直接朝着水星飞行，到了水星附近再变轨减速，最后泊入水星轨道。不过，如果采用这个方案，至少要把身高 40 米的三角洲 2 号轻型火箭换成高达 70 米的三角洲 4 号重型火箭才可以做到。没有足够的经费，实现目标就只能依靠巧妙的轨道设计和长时间的等待了。

当然，信使号在漫长的旅程中也并不是无所作为的。2007年6月，旅途中的信使号就顺手接了个来自欧洲航天局的"私活儿"。原来，6月5日的时候，信使号即将以338千米的超近距离飞掠金星。由于信使号上携带的设备是当时最先进的，于是欧洲航天局的金星快车团队就向信使号团队发来请求，希望信使号能帮忙完成一些探测任务。信使号欣然应允了金星快车团队的请求，在完成任务的同时也顺便测试了自己的新装备。

行星科学家罗伯特·斯特罗姆（Robert G. Strom）是唯一一位既参与过水手10号项目，又参与了信使号项目的科学家。根据罗伯特的回忆，我们可以知道，一直以来，人们都认为水星是一颗内部结构与月球相似、复杂度很低的岩石行星[1]。这样的认识让水星在行星探索计划中的优先级变得很低。人们宁愿把探测器发往外太阳系的气态行星，也不愿意把同样的钱花费在探索水星上。直到华盛顿卡内基研究所和约翰斯·霍普金斯大学应用物理实验室设计了低成本的水手10号，水星探测任务才首次获得了批准。

探索水星的重要度被严重低估，无论是水手10号还是信使号，都是在科研经费严重不足的情况下设计出来的。所以，信使号只能采用这种令人眼花缭乱的复杂轨道来接近水星。信使号用发回的数据证明了自己的价值，所有在信使号身上投入的经费都是物超所值。人们万万没有想到，看似朴实无华的水星竟然隐藏着如此多的秘密。

我们最熟悉的卫星绕着行星旋转的模式，是卫星位于黄道面上绕着行星转动，月球绕着地球旋转就是这样。但是，信使号绕着水星旋转的模式是完全不同的。信使号的绕行轨迹是一个垂直于黄道面，同时也垂直于水星绕日轨道的

---

1 岩石行星（rocky planets）：岩质行星的别称，指以硅酸盐岩石为主要成分的行星。

椭圆形。如果你把水星的绕日轨道想象成一根弹簧，那么弹簧的钢丝的缠绕方式差不多就是信使号的运动方式了。

这种轨道最大的好处，就是能随着水星的自转，把包括两极在内的整个水星观察得一清二楚。而且，当信使号飞掠过水星的向阳面，太阳光会把水星表面完全照亮，观测不会受到地形阴影的干扰。更重要的是，信使号可以阶段性地躲到水星背面的阴影里，避免被阳光和水星表面的反射光晒得过热。

信使号先用每像素 250 米分辨率的照相机对水星表面进行地毯式拍摄。这些照片传回地球后，科学家们会挑选值得深入研究的区域，让信使号使用每像素 12 米的超高清相机对目标进行重点拍摄。另外，信使号携带的双成像系统还能对地表光谱的变化进行分析，从而了解地表物质成分并绘制地形信息。

水星的阳光强度比地球的高 10 倍，白天的时候，水星表面的温度可以把铅都熔化掉。这似乎是太阳系中最不可能存在水的星球了。但是，早在 20 世纪初，就有科学家提出，水星的自转轴几乎与它绕太阳的公转平面是垂直的，这就使得水星的极地地区很可能会存在一些永远也见不到阳光的地方，而这些地方完全有可能存在水冰。

水星上存在水冰的这个假说，在几十年中一直没有办法获得进一步的证据。直到 1991 年，阿雷西博天文台（Arecibo Observatory）在观察水星的时候发现，位于水星极地地区的一些环形山，在射电望远镜[1]中的表现很不一般。这些环形山在可见光波段的照片中留下了深深的阴影，在雷达图像中却变得非常明亮。[2]这些雷达图像与火星的极冠[3]以及木星的冰卫星欧罗巴在雷达上的反应是一致的。

---

1 射电望远镜（radio telescope）：观测和研究来自天体的射电波的基本设备，可以测量天体射电的强度、频谱及偏振等量。

2 *NASA Spacecraft Finds New Mercury Water Ice Evidence*, nasa.gov, Nov. 19, 2012.

3 极冠：火星极冠是指火星南北极有水冰及干冰覆盖的区域。

这些强烈的雷达反射波是水冰存在的典型证据。行星科学家安东尼·科拉普雷特（Anthony Colaprete）[1]在一封邮件中指出："只有纯度高达90%，而且厚度超过数米的冰层才能达到这么高的雷达反射率。"

然而，事实需要信源，观点需要论据。虽然很多科学家都觉得呈现在雷达图像中的亮斑毫无疑问就是水冰，但大家都知道，我们还需要更多的直接证据才行。信使号自然就成为前往水星验证这个水冰假说的最合适"人选"。

信使号花费了6个月的时间，将水星极地地区的照片和地形结构仔仔细细地拍摄和分析了一遍。每一个陨石坑，信使号都用激光高度计[2]仔细测量过。这些数据证实，每一个在阿雷西博望远镜中强烈反射雷达波的位置，都处于永远见不到阳光的陨石坑的阴影之中。这些陨石坑的阴影地带温度足够低，足以使里面的水冰保持稳定的状态。

这些水冰是怎么来的呢？你可以这样想象，水星极地上每一个见不到阳光的陨石坑，都像是一个寒冷的陷阱，那些路过的彗星和冰陨石带来的极少量的水，一旦飘过这些陨石坑，就会立即被冻住，从而保存下来。在过去的数十亿年中，这些冰冻陷阱一个分子一个分子地捕获着空间中的水，逐渐积累到现在的厚度。

然而，这仍然不是水星存在水冰的实锤。有科学家认为，雷达观察到的明亮物质也不一定是水冰，还有可能是二氧化硫。这些二氧化硫很可能来自水星古老的火山活动。而且，二氧化硫也可以在水星的极地陨石坑中稳定而长期地存在，并且反射出同样明亮的雷达反射波。

为了彻底弄清楚这些沉积物到底是不是水冰，信使号任务的首席科学家西

---

1 RICHARD A. LOVETT, *Water Ice on Mercury? NASA Probe Close to Proof, Teams Say*, National Geographic, Dec. 15, 2011.

2 激光高度计（laser altimeter）：安装在飞机、卫星等测试平台上，实现远距离、非接触、测量高程的仪器。

恩·所罗门（Sean Solomon）认为[1]，应该让信使号利用其携带的中子谱仪绘制一张水星表面的中子通量[2]图。如果那些陨石坑中的物质能让发射出来的中子的能量降低，就说明那些物质中含有大量的氢原子。而水，则是太阳系内最有可能的氢原子来源。

为了绘制这张中子通量图，信使号又花费了4个多月的时间。最后的探测结果表明，这4个月的工夫没有白费。约翰斯·霍普金斯大学应用物理实验室的科学家大卫·劳伦斯（David J. Lawrence）在仔细研究数据后说："中子数据表明，那些沉积在雷达照片亮区中的物质平均有10—20厘米厚，这些物质中氢的含量几乎与纯净的水冰一模一样。"[3]

这是一个置信度超高的证据。这些陨石坑中不仅存在大量的氢，而且氢的含量还与纯净的水冰一模一样。通过整整一年的研究，水星上是否存在水冰的答案终于水落石出了，水星也终于成了一颗名副其实的有"水"的星球。

信使号在为期10年零8个月的任务时间里，给我们带回了太多的新发现。但所有的新发现中，最受公众关注的科研成果仍然是水冰的发现。

就在几十年前，我们还倾向于认为：水是一种宇宙中相当稀缺和宝贵的资源。但是，随着我们对太空探索的不断加深，"水在太空中无处不在"的事实越来越清晰地摆在我们面前。

在我们的太阳系中，至少有75%的元素是氢，这是宇宙中最常见的元素。氧虽然远远没有氢那么多，只占1%左右，但在所有元素中，氧的丰度[4]排在第

---

1 RICHARD A. LOVETT, *Water Ice on Mercury? NASA Probe Close to Proof, Teams Say*, National Geographic, Dec. 15, 2011.

2 通量（flux）：某种物质在每秒内通过每平方厘米的假想平面的移动量。

3 David J. Lawrence, Patrick N. Peplowski, Brian J. Anderson, *Evidence for Water Ice Near Mercury's North Pole from MESSENGER Neutron Spectrometer Measurements*, Science, Vol. 339, Issue 6117, pp. 292–296, 18 Jan 2013.

4 丰度（abundance of elements）：一种化学元素在某个自然体中的重量占这个自然体总重量的相对份额。

三位，也是相当多的。这样看来，氢与氧组成的化合物——水——在太阳系里随处可见，当然也就不足为奇了。

太阳的炙烤，导致大量的水向着外太阳系流失，内太阳系的几颗行星（包括地球在内）都比较缺水。但一旦到达木星轨道，水就是最常见的物质之一了。木星、土星、天王星和海王星的核心很可能就是一个水冰的冰核，在这些巨行星的许多卫星上都发现了水冰。泰坦、欧罗巴等卫星上的水储量，甚至远远超过了地球。再往外，到了冥王星轨道和柯伊伯带，只要提到了"固体"这个词，基本上说的就是一块冰或者冰与其他物质的混合物了。[1]

既然整个太阳系里到处都是水和水冰，那么为什么发现水星的冰层还会让科学家们如此欢呼雀跃呢？这难道意味着水星的冰层中也有可能藏有外星生命吗？当然不是！

水星的冰层与隐藏在欧罗巴、恩克拉多斯冰层下的液态水海洋完全不同，是不可能存在生命的。但这对于人类来说，意味着一个更加令我们兴奋的词：宜居。

如果人类要往外星球移民，最重要的条件是什么？你可能首先想到的是空气或者是液态水。其实并非如此。最重要的条件是，这个星球上必须具备水冰和含碳的化合物，其次是要有充足的阳光作为能源。有了水，我们就能制造出氧气和氢气；含碳化合物则可以与氧气结合，产生植物赖以生存的二氧化碳。

信使号对水星的观察还显示，有很多水冰被一些反射率很低的黑暗物质覆盖着，这些黑暗的物质比水星表面上最暗的物质反射的雷达波还要少。科学家们推断，这些黑暗的物质就是一些富含碳元素的有机物质。

所以，别以为水星距离太阳太近、温度超高，就不适合人类居住。其实，

---

1 *Explore! Ice Worlds! Background*, https://www.lpi.usra.edu.

只需要在水星上建立一个可以调节阳光的密封温室，我们就有可能在水星上建立一个宜居的基地。充足的阳光让我们拥有取之不尽、用之不竭的能源，同时水星上还有充足的碳和水，这对于建立一个供人类长期生存的基地来说，已经是充要条件了。

就在 2019 年 8 月 3 日，NASA 公布了由月球勘测轨道飞行器（LRO）和信使号监测得到的最新数据报告。最新的报告显示，无论是水星还是月球，它们蕴藏的水冰储量都比我们先前估计的数量要大很多。[1]

利用信使号和月球勘测轨道飞行器获得的高程[2]数据，研究人员测量了水星和月球上直径在 2.5 千米到 15 千米的 1.5 万个陨石坑。他们发现，无论是月球还是水星，这些陨石坑普遍要比正常的陨石坑浅 10% 左右。这 10% 的厚度差异，可以用积累水冰的厚度来进行解释。这是以前从未发现过的超厚冰层，这些超大储量的冰库足以支持我们对这些星球的长期探索。月球上超大储量的水冰，还有可能成为撬动人类重启载人探月计划，甚至建立月球基地的重要杠杆。

2018 年 10 月 20 日，人类的第三个水星探测器——贝皮可伦坡号（BepiColombo）顺利启程，飞向了水星。贝皮可伦坡号是欧洲航天局和日本宇航局的合作项目。它的主要任务就是对水星的磁场、磁层、行星际太阳风以及星际粒子进行进一步的研究和探索。

贝皮可伦坡号水星探测器采用了与信使号完全一样的轨道方案。2020 年 4 月 10 日首次成功飞掠地球[3]，利用地球的引力弹弓效应进行减速和变轨。绕日一周飞

1　Bill Steigerwald, *The Moon and Mercury May Have Thick Ice Deposits*, https://www.nasa.gov, Aug. 3, 2019.

2　高程（elevation）：某点沿铅垂线方向到绝对基面的距离称为绝对高程，简称高程。绝对基面是将某一海滨地点的平均海平面高程定为零的水准基面。

3　*Earth Flyby Opens New Science Opportunities For BepiColombo*, https://sci.esa.int, 30 April 2020.

贝皮可伦坡号探测器

掠地球，这只是一个水星探测器万里长征的第一步而已。按照贝皮可伦坡号的计划，要到 2025 年 12 月 5 日，才能正式泊入水星轨道，开始正式的科学探索活动。

我们期待贝皮可伦坡号水星探测器能给我们带来更多的好消息。现在，水星在我们心中已经不再是那个荒凉、灼热而又陌生的岩石行星了。我们已经知道，水星上有充足的水、阳光和含碳的有机物。如今的水星已经被我们贴上了"宜居"的标签。也许，若干年之后，水星真的能够成为人类的太空前哨，甚至成为人类的新家园。

围绕着水星，还有很多未解之谜等待着人类去探索，我们甚至都还弄不清楚水星是如何形成的。

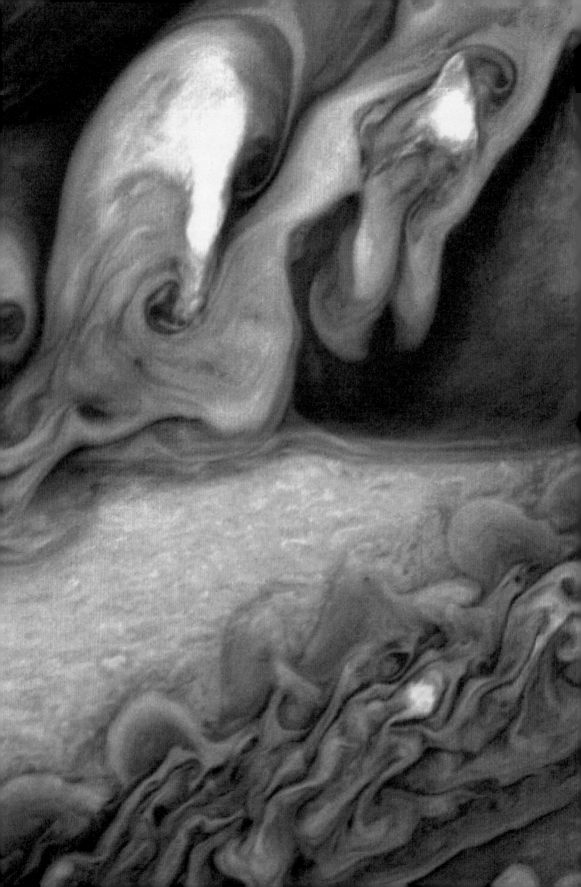

木星大气

11

水星
身世之谜

上一章，我们讲述了信使号飞往水星的曲折历程，以及在水星上找到水冰的故事。这个发现在当时非常轰动，例如著名的《赫芬顿邮报》（*The Huffington Post*）的新闻标题是《2012科学年：鼓舞人心的重大发现》[1]。《国际商业时报》上的标题是《2012年最伟大的太空故事》[2]。不过，信使号的精彩故事只是刚刚开始。

　　对于大多数普通人来说，水星上有没有水这个问题是最吸引人的，简单好懂。但是，对于大多数资深天文爱好者来说，信使号的另外一项使命更值得关注，那就是探究水星的身世之谜。通俗点说，就是水星这颗星球到底是怎么形成的，在它形成的过程中都发生了什么大事件。

　　为了更好地理解信使号的任务和新发现，我们简要回顾一下水星身世谜题的历史，这是真正的"世界未解之谜"。

　　在金、木、水、火、土这五大行星中，绝大多数人可能一生都没有看到水

1　*Year In Science 2012: Inspiring Discoveries & Important Events (PHOTOS)* , https://www.huffpost.com, Dec. 27, 2012.

2　Roxanne Palmer, *Curiosity On Mars, Sugar In Space and Ice On Mercury: Biggest Space Stories Of 2012*, https://www.ibtimes.com, Dec. 28, 2012.

水星

星，因为水星是内太阳系距离太阳最近的一颗行星。或许你一下子还没反应过来，为啥距离太阳近就不容易被观测到呢？我想请你在脑子中复现一个太阳系的模型，想一下，外太阳系的行星处在地球公转轨道的外侧，所以它们都可以在晚上被我们看见。而内太阳系的两颗行星——金星和水星，永远都不可能转到地球的背阳面去，它们一定是和太阳同升同落的。所以，只能在黄昏和傍晚的时候，利用一点点的时间差看到它们。而距离太阳越近，与太阳同升同落的时间差就越小。水星离太阳不到 0.4 天文单位，可以说是非常近了，因此，它只在凌晨和傍晚出现非常短暂的时间，稍不留意就被错过了。在人类历史上，有很长的一段时间，我们以为早上和晚上出现的水星是两颗不同的行星。在中西方的星象学中，水星倒是被重点照顾的对象，因为它相对来说最"神出鬼没"。

按理说，处于内太阳系的水星距离地球是很近的，我们应该对水星有着较深的了解才对，然而事实正好相反，在太阳系中，我们了解得最少的行星就是水星。在信使号到达水星之前，我们对水星的了解甚至还不如距离最远的海王星多。

比如行星的质量，这是最基础的数据之一，但是天文学家对水星的质量测定一直不满意。我们只知道水星虽然个头很小，但相对质量很大，它的密度明显高于太阳系的其他行星。

根据行星形成的经典理论，行星是尘埃云在万有引力的作用下逐渐坍缩形成的。那么在理论上，大家的密度应该都差不多。假如经典理论是正确的，那么该如何解释水星明显偏高的密度呢？关于这个问题，有很多假说，其中接受度最高的就是水星其实是一颗行星的内核，它的外层出于某些原因被剥离了。那么，到底是什么原因导致水星的外壳被剥离了？或者说，这个外壳剥离假说是否靠谱呢？这是天文学家们想解开的谜题之一。

但这还不是最大的谜题。1974 年，飞掠水星的探测器水手 10 号发现，水星上存在着微弱的磁场，尽管只有地球磁场的 1%，但这个发现在当时非常轰动，因为它又牵出了水星的另一个谜题：水星的磁场是怎么产生的？

关于天体磁场的产生，最主流的理论就是行星发电机理论。这个理论要求行星内部必须存在一个持续旋转或者对流着的导电流体。地球的磁场就来自不断对流着的炽热的外核。但是，按照水星的体积计算，水星的内核应该早就已经冷却了。而一颗冷却凝固的行星就应该像一块大石头，是没理由产生磁场的。

科学家们认为，唯一合理的解释只能是水星的内核没有凝固，现在仍然处于熔融状态。但这个解释同样令科学家们感到费解，这么小的体积怎么能几十亿年都不冷却呢？其实，要想确定一颗行星的地壳下面是否存在液态物质，有一个比较简单的测定方法，就是测定水星自转的稳定性。

你可以做一个实验，分别转起一个生鸡蛋和熟鸡蛋。你会发现煮熟的鸡蛋会旋转得很快，而且转速均匀。而生鸡蛋因为受到里面蛋液的影响，旋转起来会比较困难，自转轴不稳，转速也不均匀。

所以，要想确定水星的内核到底是不是液态的，我们可以精确测量水星的自转速度。如果它的自转速度是绝对均匀的，那么就可以认为水星是一个固体的石头球。反之，它的地壳下面就一定藏着一些液态物质。

行星科学家们当然明白这个道理，可是，真正的问题是，如何才能精确测量到水星的自转速度变化呢？在很长一段时间里，大家都没能找到合适的技术方案。

2002 年，康奈尔大学的行星科学家让－卢克·马格特（Jean-Luc Margot）

想出了一个绝妙的主意。他让位于加利福尼亚的哥德斯通（Goldstone）射电望远镜向水星发射一个强信号，然后让位于西弗吉尼亚州的绿岸射电天文望远镜与哥德斯通射电望远镜一起接收从水星反射回来的雷达波。通过接收到的时间差，就能计算出水星的自转速度。这两台望远镜刚好位于美国的最东边和最西边，这样的设计极大地提高了测量精度。[1]

即便如此，测量的精度依然不太理想。马格特领导的雷达小组足足用了 5 年时间，才拿到足够的数据，证明水星确实是一颗"生鸡蛋"。马格特在宣布最终的结论时说："我们有超过 95% 的置信度相信，水星必定拥有一个熔化或者部分熔化的内核。"[2]

科学的特点是刨根问底。既然知道了水星有一个液态内核，那么科学家们自然就要继续追问：这个液态内核到底是如何形成的呢？马格特的研究小组认为，最有可能的解释就是水星的内核中很可能混合着一些类似于硫的轻元素[3]。比如，硫化铁的熔点就要比铁低 300 多摄氏度，如果水星的核心中含有丰富的硫元素，那么确实有可能现在仍然保持液态。

但是，这个假说也同样面临挑战。因为水星的轨道距离太阳太近了，大量的轻元素会在太阳形成之初就气化并向外逃逸。在水星当前的位置，是不可能有那么多硫元素存在的。

而且，这个假说与经典的行星诞生理论格格不入，甚至可以称得上是背道而驰了。经典的行星形成理论认为，行星的原始核心，是由环绕在恒星周围的旋涡盘中的气体和尘埃在引力的作用下逐渐聚合而成的。在距离太阳较近的水

1　Ker Than, *Surprise Slosh! Mercury's Core is Liquid*, space.com, May 03, 2007.

2　Michelle Thaller, *A Closer Look at Mercury's Spin and Gravity Reveals the Planet's Inner Solid Core*, https://www.nasa.gov, April 17, 2019.

3　轻元素：原子序数 10 至 20 的元素，分别为氖、钠、镁、铝、硅、磷、硫、氯、氩、钾、钙。

星轨道上，到处都是铁、镍、硅之类的重元素，而硫这样容易挥发的轻元素，必须到火星轨道以外的地方才会聚集和凝固起来，因为那里才比较凉爽。

不管怎么说，肯定有什么事情被搞错了。要么水星的内核中根本没有那么多的硫元素，要么水星就不是在现在的轨道上形成的。在科学面前，真相只能有一个。

水星的绕日轨道似乎也说明水星并不是在原地形成的。水星的公转轨道是一个偏心率很大的椭圆。水星距离太阳最远的时候，距离是近日点的 1.5 倍。这样奇怪的轨道，一个比较方便的解释是，水星在形成初期遭到过其他行星的撞击，把它的轨道给撞偏了。

但是，反对这一假说的科学家们认为，能够形成偏心率如此大的椭圆轨道，撞击的剧烈程度可想而知，水星是如何在剧烈的撞击中全身而退的，而撞击形成的碎块又去了哪里呢？他们认为，水星确实有可能遭到过撞击，但撞击的发生地点并不在水星的轨道上。水星很可能在距离太阳更远的位置，比如说火星的轨道附近发生了撞击，而水星则在撞击中被推离了自己的轨道，向着太阳飞去。

这个假说很好地解释了水星的轨道偏心率问题，确实很迷人。但是，非同寻常的主张需要非同寻常的证据。在科学研究中，证明或者证伪一个假说，往往是难度最高的一类研究。像寻找水冰的这类研究，只要收集到足够多的数据，就可以形成实锤的铁证。但想要研究水星的起源，却要困难得多。每一个新的证据都有可能对已有的假说提出新的挑战。科学家们必须不断修正自己的猜想，并且设计新的探测任务来获取更多数据才行。

这项艰巨的任务，自然就落在了信使号的肩膀上。

2011 年 3 月 18 日是信使号正式泊入水星轨道的日子。从这一天开始，水星就是一颗拥有卫星的行星了。信使号会利用自身的轨道和速度变化来推算水星的质量。经过精细的测量，我们得到了水星的精确质量：3300 亿亿吨。水星的直径也被刷新了测量精度，为 4879.4 千米。

通过质量和体积的测量值，我们可以算出，水星的平均密度是 5.4 克 / 立方厘米，远高于理论计算值。水星的身世的确不寻常。

信使号的一项重要任务是探测水星上的硫元素。我们知道信使号是一个轨道探测器，它不可能真的去铲一勺水星上的土样去分析，只能依靠随身携带的中子谱仪，在高空检测那些从水星表面逃逸出来的原子和离子。

2014 年 4 月 20 日，信使号探测器完成了环绕水星的第 3000 圈绕转。此时的它，已经完成了基础任务以及两次延长任务中的绝大部分工作。但是，科学家们对水星地壳元素丰度的数据精度依然不太满意。别忘了，这可是关系到水星磁场之谜的重要数据，也是信使号此行的重要目的之一。

不入虎穴，焉得虎子。只有进一步接近水星，才有可能让所有遥感仪器的性能发挥到极致，获得更高精度的观测数据。

信使号首席科学家西恩·所罗门对于信使号的低轨道任务相当兴奋。他说："这是信使号最后的任务，也是一个全新的挑战。我们将会对水星的磁场、重力场以及水星表面辐射出的粒子环境进行新一轮的高精度观测。我们相信，水星一直以来隐藏的那些秘密，最终都会被信使号揭开。"[1]

信使号的飞行高度越低，对水星上挥发出元素的检测敏感度就越高。信使号发现，水星是一颗正在烈日下快速挥发着的行星。当信使号飞过阳光炙烤着的水星表面时，携带的中子谱仪检测到大量的挥发性元素从水星表面逃逸出来，正是这些挥发出来的物质构成了水星上极其稀薄的大气层。

探测结果显示，水星上确实存在着极其丰富的硫、氯、钾、钠等元素。科学家推测，水星诞生的位置很可能是一个更加远离太阳的地方。通过计算，科学家们认为，水星极有可能诞生在距离太阳 1.7 亿千米的地方。这个位置位于地球与火星的轨道之间。

信使号的这些新发现为"水星是一颗被剥去外壳的行星核心"的猜想提供

---

1 *MESSENGER Completes Its 3,000th Orbit of Mercury, Sets Mark for Closest Approach,* https://messenger.jhuapl.edu, Apr. 21, 2014.

了更有力的证据。比较重的元素——铁，在水星生成之初就沉入了水星的最深处，形成了一个固态的内核，而一些不太容易凝固的铁的硫化物则形成了水星的外核。最外层的较轻的物质则在一次行星大冲撞中被剥离了。这就是水星平均密度偏大的原因。

要想进一步证实这个猜想，我们必须把水星的内部构造搞清楚才行。大家可以想一想，如何能够在不触碰一颗星球的前提下来探索它的内部结构呢？我估计认真看过第 7 章《恩克拉多斯的喷泉》的读者已经猜到了方法。没错，答案就是，利用信使号的飞行速度和轨道变化来实施探测。

我们知道，一颗星球的地壳、地幔和地核都有着不同的密度。如果我们让信使号绕着水星飞行的轨道越来越低，就能够检测到不断变化的水星引力。引力的变化反过来还会影响信使号的轨道高度和飞行速度。凭借这些变化的数据，科学家就有办法知道水星的内部结构了。

2015 年 3 月 25 日，已经在水星轨道上服役了整整 4 年的信使号[1] 终于完成了它对水星的第 4000 圈环绕飞行。不过，信使号每环绕水星一圈，就要完成一次远离太阳的飞行。在太阳引力的反复扰动下，信使号的绕转速度也在逐渐变慢。信使号正在加速坠向水星。

负责水星结构探测任务的科学家安东尼奥·热诺瓦（Antonio Genova）和他的团队[2] 将信使号返回的数据套入一个复杂的数学模型，通过反复调整模型的各项参数，他们尝试着将模型与信使号绕水星旋转的加速度数据匹配起来。信使号提供的数据越丰富，这个模型的准确度就会越高。

2015 年 4 月 6 日，信使号点燃了发动机，开始了第 15 次机动变轨。但是，

---

1 信使号 2011 年 3 月泊入水星轨道。

2 Michelle Thaller, *A Closer Look at Mercury's Spin and Gravity Reveals the Planet's Inner Solid Core*, https://www.nasa.gov/, Apr. 17, 2019.

水星内部结构，从里到外分别是：
固态内核、液态外核和地壳

任务才刚刚开始，意外就突然降临了。信使号反馈：用于变轨的肼（jǐng）推进剂提前耗尽，无法完成变轨任务。好在设计信使号的时候，设计人员就留了个心眼，当肼推进剂耗尽后，用来给推进剂加压的氦气会自动从喷口喷出。在氦气的辅助下，信使号勉强完成了变轨动作，但实际飞行高度只有 28 千米，比预期低了 10 千米。这个意外让信使号很可能会在 10 天内坠毁。

于是，信使号的运营团队经理托马斯·沃特斯（Thomas Watters）紧急召开会议，会议的目的就是重新安排信使号后续的飞行计划，希望能够尽可能地延长信使号的服役时间。

信使号越是接近水星，它收集到的信息就越宝贵。在燃料彻底耗尽后，信使号的运营团队又利用仅存的一点点氦气，完成了 5 次动作较小的机动变轨，一次次地推迟着信使号坠毁的最后时间，而注定要陨落的信使号也在争分夺秒地将珍贵的数据发回地球。

信使号最后几个星期的超低空飞行为研究团队提供了完美的数据，让科学家有机会对水星的内部结构进行最精确的计算和匹配。

最终的研究结果表明，水星内部有一个直径 2000 千米的固态内核，在固态内核的外围，包裹着厚度约为 1000 千米的液态外核。水星的微弱磁场就是这个液态外核产生的。直径 4879.4 千米的水星，却拥有着一个直径约 3000 千米的超大核心，这实在让人惊讶。要知道，地球的核心只占地球体积的 15% 而已。

这个超大水星内核的发现，为前面提到的撞击假说提供了有力的佐证。科学家们根据模拟计算推测，这个与水星相撞的天体很可能是另一个正在形成的行星胚胎，它的质量大约是水星碰撞前质量的 1/6。碰撞过程有点像剥鸡蛋壳：我们用不大不小的力量从各个角度把鸡蛋壳敲碎，然后把鸡蛋壳剥落下来。

温和且连续的撞击方式很重要。因为如果撞击过于激烈，就会产生太多的热量，这些热量会导致硫、钾、钠等轻元素受热挥发而向外太阳系逃逸。如果撞击太轻，则无法剥离水星的外壳，甚至连撞击者都有可能被水星俘获。

早期的太阳系中，在同一条行星轨道附近，很可能会同时形成很多个行星核心。这些行星核心不可避免地发生着碰撞。水星也有可能是多个行星胚胎互相碰撞的结果。在碰撞中，水星被剥离了大量的表层物质后，改变了自身的轨道，向着太阳飞去，并在距离太阳最近的地方稳定了下来。

由于距离太阳太近，水星注定不可能永久性地拥有一颗自己的卫星。水星的卫星要么落入太阳焚烧成灰烬，要么投向水星的怀抱。

从信使号出发的那一天起，它的命运就是注定的，这是一次必然以"自杀"而终结的冒险旅程。2015 年 4 月 30 日，在水星表面坐标东经 210°、北纬 54°的地方，一股巨大的烟尘无声腾起，然后又缓缓地四散落下。尘埃落定之后，那里出现了一个新的陨石坑。信使号终于完成了自己的使命，把自己葬在了母星的怀抱，这恐怕是它最好的归宿。

信使号的努力，终于把我们对水星的了解提高到了与金星和火星相同的水平上。在我们眼里，水星不再是一块冷冰冰的球形岩石，它有大气、火山、磁场，还有水冰。更重要的是，水星正等着我们继续抽丝剥茧，探寻它谜一样的身世。

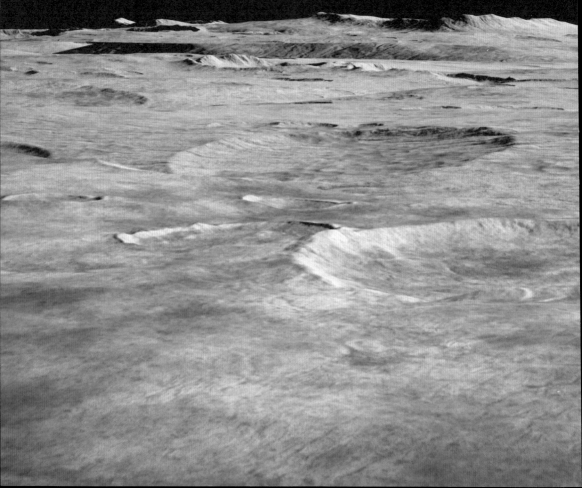

从月球遥望地球

12 嫦娥四号在月球的
背面发现了什么？

全书已经进行了十一章，可能有读者会问，怎么你讲来讲去不是美国国家航空航天局的发现就是欧洲航天局的发现，从来就不提我们中国呢？在很多人的印象中，中国现在已经是世界上除了美国和俄罗斯之外的第三航天大国，在太空探索领域，怎么也应该有中国人的一席之地。

我想客观地跟大家说，我国现在确实是航天大国，这一点不用怀疑。不过，航天大国不等于同时也是科学新发现的强国。这不是因为中国科学家不如欧美国家的科学家聪明，而是因为太空领域的新发现需要时间积累。我国成为航天大国的时间还很短，我国的科学家有机会从事最前沿的太空探索的时间也还很短。科学新发现是一个慢工出细活的领域，是一个需要长期高投入，而努力又不一定有回报的领域。你们可以回顾一下欧美国家的新视野号、卡西尼号等计划，这些太空探索项目哪一个不是持续了 10 年以上才有了那么一点点回报的？

所以，大家不要着急，要给我国科学家一些时间，一定能等到我国的太空探索结出硕果的那一天。实际上，硕果的苗头已经有了，我国 2019 年的太空探索项目已经在国际上引起了很大反响，那就是嫦娥四号的新发现。在讲嫦娥四号的新发现之前，我先给你简单介绍一下嫦娥计划。

嫦娥计划是我国的探月工程，它一共分为绕、落、回三个阶段。它的主要

嫦娥四号探测器

科学目标可分为五大类：月表形貌观测、月壤采集返回、月球资源探查、月球形成和演化研究，以及月基空间科学和天文学研究。

其中嫦娥一号和二号，分别发射于 2007 年和 2010 年。它们成功实现了第一阶段的绕月探测任务，对月表进行了高精度的三维扫描，同时使用多种遥感技术，对月球的资源储藏、地质成分、空间环境等进行了详细测绘。换句话说，嫦娥一号和二号让我国加入了月球俱乐部，让我们取得了与欧美同行同台竞争的资格。

嫦娥三号和四号，分别发射于 2013 年和 2018 年，它们实现了第二阶段的月面软着陆任务，对着陆区附近进行了更详细的研究。

接下来的嫦娥五号，已于 2019 年年底发射，将实现三步走的最后一步：采样返回任务。遥想 1978 年，美国人给中国送了一件国礼，就是质量为 1 克的月球土壤，把我国的科学家激动坏了。可见，从月球带回来的样本有多珍贵。

2019 年 1 月 3 日，嫦娥四号成功着陆月球背面，在国内外引起热议。NASA 局长吉姆·布里登斯廷（Jim Bridenstine）还专门发了条推特表示祝贺。嫦娥四号的这次软着陆，创造了一个新的月球纪录。那就是人类第一次成功发射探测器着陆月球背面。我国成为继美国和苏联之后，世界上第三个把探测器发上月球表面的国家。

那么，嫦娥四号去月球背面做什么？它都发现了什么呢？虽然各路媒体有过很多的报道，但基本上都是同一篇新闻稿的不同组合，有效的信息很少。终于，2019 年 5 月 16 日，以中国国家天文台李春来为首的研究人员，在国际顶尖期刊《自然》上发表了关于嫦娥四号新发现的论文，终于让我找到了最权威的官方解答，嫦娥四号的诸多细节才首次被公众知晓。嫦娥四号的新发现用一句话来说就是："它在着陆点附近探测到了很可能是原生橄榄石的信号。"

没什么感觉对吧？是的，如果对月球的地质研究历史没有一定了解的话，这句话实在是太干巴巴了，几乎没有办法引起人们感情上的波动。这不像"卡西尼号在土卫二上发现了孕育生命的一切条件"这种级别的发现，哪怕是一个完全不了解土星探索史的人，听了也难免会心头一震。

要想对嫦娥四号的新发现有共鸣，就必须了解与月球地质有关的基本知识。关于月球，人们最想知道的一个谜题是：月球到底是怎么形成的？这就是著名的"月球起源之谜"。你可能知道最主流的大碰撞假说，但是，这个假说曾经的竞争理论有哪些？大碰撞假说又是怎么脱颖而出的？知道这些的人就不多了。

实际上，在 20 世纪，主流科学界对月球的起源提出过四种假说，分别是俘获说、同源说、分裂说和撞击说。

46 亿年前，在太阳系形成的早期，不同的行星在不同的区域内由星云物质汇聚而成。太阳也是这么形成的，只不过它汇聚了最多的物质，其他所有太阳系的天体都不过是由形成太阳时剩下的一小撮边角料构成的。

但是，这些边角料之间的关系一点也不简单。在太阳系的早期，有很多半大不小的星核，它们是今天行星的父辈。由于这些新形成的星核过于接近，导致引力相互干扰，小的星核就会被大的星核甩得满天飞。直到最后，星核们并合的并合，轨道迁移的迁移，最终稳定下来，变成了今天的样子。

而月球形成的理论之所以那么多，就是因为太阳系早期的这种混乱局面。其中俘获说认为，月球和地球不是一起形成的，月球是飘到地球轨道上被地球俘获的。而同源说认为，月球和地球诞生于同一个吸积盘[1]中。分裂说则认为，由于地球早期处于熔融状态，月球是地球甩出来的，就像做荷包蛋不小心漏出来了一样。最后一个撞击说则认为古地球与一个火星大小的星核碰撞，抛射出来的物质形成了月球。

这四种理论的支持者们一直争论不休。直到 1984 年，行星科学家们计划 10 月在夏威夷举办一场关于月球起源的会议。而早在一年半前，相关领域的科学家们就收到了会议通知。在科学界，这种国际大型会议都是提前一年以上就安排好的。只不过在会议通知里，有这么一段唬人的话："你们有整整 18 个月的时间和阿波罗计划的一堆数据。赶紧埋起头来干活。如果到时候对于月球的起源还没有自己的观点，那你就别来开会了！"[2]

这段可能俏皮成分更多的话，透露出了科学家们的可爱，同时也代表了当时科学界急于解决这一关键问题的决心。

18 个月一溜烟就过去了。在阳光明媚、椰林密布的度假胜地夏威夷，科学家们如约聚到了一起。经过一番激烈的唇枪舌剑，终于，四个理论中的一个基本胜出了，那就是撞击说。科学家们是如何做出这个决定的呢？实际上，科学家们主要用的是淘汰法，按照漏洞大小，逐一淘汰，剩下的那个漏洞最小的，就成了最后的赢家。

首先被淘汰的是分裂说。它有一个致命漏洞无法解释，就是地月系统的角动量[3]问题。如果月球是地球分裂出去的一部分，那么由于系统的角动量守恒，今天地月系统的角动量就必须等于古地球的角动量。这要求古地球的自转速度

---

1 吸积盘（accretion disc 或 accretion disk）：由弥散物质组成的、围绕中心体转动的结构（常见于绕恒星运动的盘状结构）。

2 William Hartmann, Geoffry Taylor, Roger Phillips, Origin of the Moon, Lunar & Planetary Institute, 1986

3 角动量（angular momentum）：在物理学中是与物体到原点的位移和动量相关的物理量。

高到让人无法理解的程度。

俘获说的问题则是，远处飞来的月球被俘获后应该拥有一个非常椭圆的轨道。除非古地球周围有十分稠密的大气，不然月球无法形成今天这样近圆的轨道。

而同源说面对的困难是月球的贫金属问题。通过估算月球的密度，科学家们很早就发现月球金属含量比较低。如果是一同诞生的两个星球，为什么月球金属含量会和地球不同呢？这似乎说不通。

就这样，大碰撞假说从四种假说中被剩下来了。那么这个假说的可信度到底怎么样呢？

大碰撞假说只不过是目前看上去漏洞最小的一种假说，如果要证实，还需要更多的证据。首先，科学家们迫切地想搞清楚月球的内部构造是怎样的。

这可就难了。首先，往下挖是肯定行不通的。别说月球了，就是在地球上，人类最深的钻孔深度也不过 12 千米，而月球的半径是 1740 千米。科学家们要研究月球的内部构造，唯一的神器就是阿波罗飞船带到月球上的月震仪。阿波罗计划在月球的不同地区一共安置了 5 台月震仪。

和地球上有地震一样，月球上也有月震，但月震的形成原因和地震完全不同。地震的主要成因是漂浮在地幔上的陆地板块之间的碰撞挤压。但像月球这样大小的天体，由于保温能力不足，中心物质放射性衰变的热能大部分已经辐射到太空中了。也就是说，月球早就没有了板块运动。

月震的主要成因有三个，分别是地球对月球的潮汐力、太阳光照变化带来的温度差异，还有陨石的撞击。这 5 台月震仪，除了 1 台提前坏了，其余 4 台一直工作到了 1977 年。它们总共记录下了 12558 次各种形式的月震，震波在不同的介质中传播速度不同。分析这些收集到的数据，科学家们得以确认，月球拥有一个半径 240 千米的固态核，在核的外面是很薄的一层熔融月幔，厚度大约是 100 千米，再上面就是 1000 多千米的固态月幔，而最外面则是厚度从几千米到几十千米不等的月壳。

阿波罗 11 号宇航员在进行月震实验

这种分层结构是怎么形成的呢？原来，在岩石行星形成的早期，都经历过完全熔融的状态。在液态物质中，就会自然而然地形成密度由小到大的分层。因此，岩石行星的内核一般都是由密度较高的金属元素组成的，再往上密度逐渐减小。但由于元素之间会形成各种化合物，所以这个分层过程并不会把一个星球按着元素一层层分开，而是在从熔融到凝固的过程中逐步析出密度不同的矿物晶体。

可是，通过研究月震波，我们只能大致探清月球内部的结构和密度分布，却不能知道内部的化学组成是什么。要知道，化学组成可是非常重要的。例如，要想判断月球是否形成在地球附近，地月之间的元素丰度比、同位素比就是关键证据。所以一直以来，科学家们都在试图寻找被各种原因带到月面的深层物质。

月海中的物质便是其中之一，月海是月球上那些大片的黑色区域。天文上的名字取得都非常好听，什么风暴洋啊，静海啊，丰富海啊。不过，这些月海里可没有水。它们曾经确实是海洋，只不过是岩浆海洋。

月球刚形成几亿年时，虽然月壳已经凝固了，但整个月球远不像今天这样是铁板一块。当时，薄薄的月壳下面便是熔融的月幔，陨石坠落到月球上，便有可能击穿月壳。它们在月壳上留下的陨石坑会被从下面涌上来的月幔物质覆盖，形成月海。

为什么月海的颜色要比月壳黑呢？这是因为两者的物质成分不同。最先结晶析出的月壳是由斜长岩组成的，而后来涌出的月海物质则是由玄武岩组成的。斜长岩的颜色偏亮，而玄武岩的颜色就是黑的。就好像岩浆，岩浆刚冒出来的时候是橘红色的，一旦凝固就变成黑色的了。

这些来自月壳下方的月海物质给科学家研究月幔以启示。阿波罗计划总共从月球带回了 382 千克的月表样本，其中就包括了月海玄武岩的样本。从这些月海玄武岩中，科学家们发现了一定量的橄榄石。

嫦娥四号本次新发现的关键名词——橄榄石——总算登场了。橄榄石这个名字的由来其实也很简单，因为它呈现出来的是一种像绿色的橄榄一样的颜色，半透明的，很好看。你要是拿在手里，估计会直接叫它宝石。实际上，来自陨石中的橄榄石有个别名就叫"天宝石"，非常珍贵罕见。

在地质类的科普文章中，出现最多的词就是"某某岩""某某石"了。这里我们需要建立一个基本概念。在地质专业用语里，某某石指的是一种具体的矿物成分，也就是有固定化学式的晶体。而某某岩，则是比较宽泛的概念，指的是某些矿物组分[1]在一定比例范围内的组合。比如，玄武岩主要由基性长石、辉石组成，还可以含有少量的橄榄石、角闪石等。打个比方，某某岩就好比是说瓜、果、蔬菜等一类食物，而某某石，就好比是苹果、香蕉等具体的食物。

所以，橄榄石就是在月海玄武岩中的某一种特定的晶体结构。不过，阿波罗飞船带回来的橄榄石并不是原生的橄榄石（原生就是和月幔物质同时形成的

---

1 组分（component）：化学用语，指混合物（包括溶液）中的各个成分。

橄榄石

意思）。这是因为月海玄武岩在上涌的过程中会发生变化和再结晶，其中的橄榄石也就不是月幔里原生的橄榄石了。

因此，要想更好地研究月壳下面月幔的物质和结构，最好是能找到原生的橄榄石。那么，月球上有没有可能存在原生橄榄石呢？有一种观点认为，原生橄榄石有可能存在于大型的陨石坑附近。因为在陨石的猛烈撞击下，月壳有可能被撞破，下面的月幔就会被带出来，在撞击坑附近形成一个富含橄榄石的区域。

2007年，日本发射了月亮女神号（SELENE）探测器。通过遥感探测，它确实找到了这样的富橄榄石区，但是数量非常少。遥感的证据还不够，我们需要更直接的证据。

嫦娥四号的着陆点在月球背面著名的南极－艾特肯盆地（South Pole－Aitken Basin）内。这个盆地的直径足有2500千米，是月球乃至整个太阳系中已知的最大盆地。这意味着，曾经有一次威力巨大的撞击在这里发生。这里的样品一直都是相关领域的科学家们梦寐以求的。但是，登陆月球背面的困难导致这个研究迟迟不能推进。

嫦娥四号的着陆点——冯·卡门撞击坑（Von Kármán Crater），则在盆地内

嫦娥四号拍摄的
玉兔二号

的西北方向，靠近月背中央位置（这在一定程度上也是出于与鹊桥中继卫星[1]通信顺畅的考虑）。可是，当初月亮女神号探测器并没有在冯·卡门撞击坑附近发现富橄榄石的信号。可见遥测和着陆近距离探测在精度上还是有相当差异的。

这个发现是玉兔二号巡视器做出的。大家应该记得，嫦娥三号上搭载着玉兔一号，所以嫦娥四号上的就是玉兔二号了。

在玉兔二号的胸前搭载有一台红外成像光谱仪。通过这个神器，在着陆后的第一个月昼里，玉兔二号在15、16两处探测点发现了低钙辉石和大量橄榄石的信号。而冯·卡门撞击坑是被月海玄武岩覆盖的。按理说，月海玄武岩是以高钙辉石为主，为什么在冯·卡门撞击坑的中心居然会探测到如此非同寻常的信号呢？

国家天文台的研究人员结合着陆区的高分辨遥感数据得出结论：月球车实际上位于月海玄武岩"平原"的撞击溅射物上。也就是说，在冯·卡门撞击坑

---

1 中继卫星（Tracking and Data Relay Satellite System）：通信卫星的一种，主要用于数据传输，特点是数据传输量大。

的月海玄武岩之上，还有一层溅射物质。分析溅射物的方向后，他们判断溅射物来自紧挨着冯·卡门撞击坑的芬森撞击坑（Finsen Impact Crater）。

为什么溅射物不是来自更远的地方呢？因为月球上没有流动的水和大气，不能靠风化形成土壤。这些月壤其实全都是陨石撞击抛射出来的微小碎屑落下堆积成的。通过研究阿波罗计划收集到的样本和数据，科学家们得出结论：只有约5%的月壤是从所在地100千米以外飞来的，而另外95%的月壤一般是来自非常临近的撞击坑。

既然物质是溅射出来的，物质成分又和月海玄武岩截然不同，那么研究人员就得出了结论：玉兔二号发现了科学家们一直以来想要寻找的——月幔原生橄榄石！这可是到目前为止，人类关于上月幔物质成分最直接的证据。

虽然月幔中原生橄榄石的发现离我们真正揭开月球起源之谜还有一定的距离，但这绝对能够载入月球起源演化的科学史，也绝对是嫦娥计划所有科学产出中浓墨重彩的一笔，为我们下一步继续研究月幔物质和月球起源之谜指明了路径。

看完这一章内容，你再关注嫦娥五号的发射，一定会有不一样的感觉了。嫦娥五号的目标是把月球上的物质带回来，不出意外的话，嫦娥四号发现的这些橄榄石就会被带回来。或许嫦娥五号又会带来对人类认识月球有里程碑意义的科学新发现，让我们一起拭目以待吧！

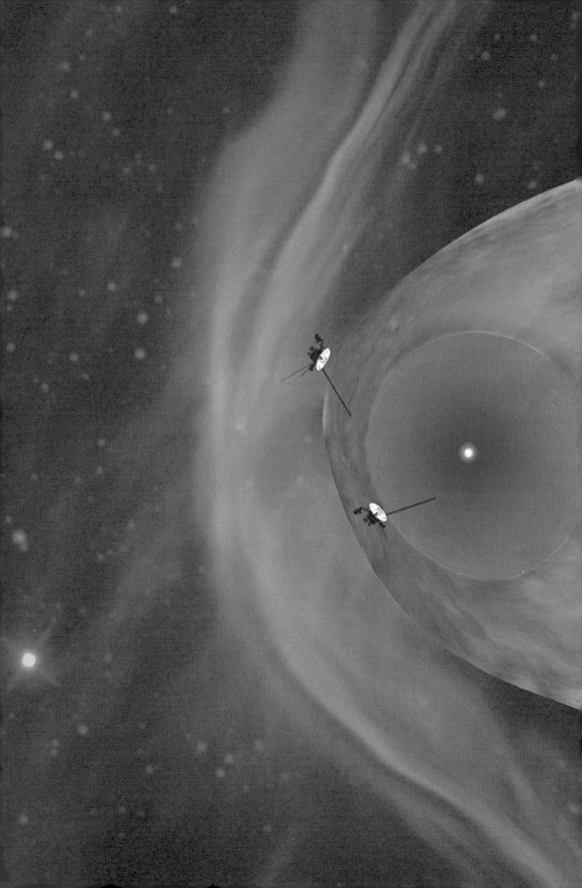

旅行者 1 号飞出太阳系概念图

13

九死一生的
隼鸟号

在太空探索领域，苏联有过一段辉煌时期。在苏联解体之后，NASA 基本上就是一家独大，偶尔会带着自己的小兄弟欧洲航天局玩一玩。不过，最近这 20 年来，亚洲的航天技术取得了长足的进步。除了中国外，日本和印度的航天技术也进步很大。尤其是日本，在最近的 20 年里，有过两次惊人之举，那就是发射著名的隼鸟号（Hayabusa）和隼鸟 2 号探测器。

隼鸟号宇宙探测器是由日本宇宙航空研究开发机构（JAXA）专为近距离探测小行星设计制造的，它在宇宙中旅行了 7 年，飞行了大约 60 亿千米。隼鸟号创下了许多个世界第一，比如，它是着陆最小天体的探测器，也是第一个把小行星物质成功带回地球的探测器。这两项第一都被载入吉尼斯世界纪录了。

隼鸟号的任务一波三折，充满了戏剧性。如果我说这是人类太空探索史上最富戏剧性的故事之一，日本人大概会不同意，因为他们会强烈要求去掉"之一"。我有一个证据可以证明日本人对隼鸟号有多自豪。隼鸟号的故事被三家不同的电影公司拍成了三部不同的电影，而且这三家公司可都不是什么小公司。它们分别是美国著名的 20 世纪福克斯公司的日本公司、著名的东京映画株式会社和松竹公司。主演也都是当时日本的一线明星。比如东京映画拍的《隼鸟号——遥远的归来》，请来的主演有渡边谦、江口洋介、夏川结衣等很多明星；松竹公司拍的《欢迎回来隼鸟号》则请来了藤原龙也、三浦友和等人；20 世纪福克斯公司拍的《隼鸟号》，主演是竹内结子和西田敏行等。这些都是日本非常著名的演员。除了电影，隼鸟号的故事还被演绎成各种艺术形式，这足以证明隼鸟号的故事多么富有戏剧性。

为了这篇文章，我特地找了其中一部电影，东京映画拍的《隼鸟号——遥远的归来》看了一遍。电影长达两个多小时，拍得非常用心和精致，不管是道具、台词、演技、特效都很写实，算得上是一部制作精良的严肃电影。

好，闲话少说，我开始讲隼鸟号的故事。

为了出奇制胜，日本人在太空探索领域经常会有惊人举动，比如，在1998年就曾经向火星发射希望号探测器。日本是继美、苏之后第三个实施火星探索的国家，只是希望号最后失败了。而隼鸟号又是一次奇兵，假如成功，那绝对是令世人瞩目的计划。隼鸟号的目标是要从小行星上取一些样品返回地球。这是一个非常有野心的计划。要知道，在隼鸟号返回之前，人类真正从宇宙带回的样品还是差不多30年前美国阿波罗号登月飞船带回的月表物质。想要带一点地球以外的东西回来，挑战极大。为了这个大胆的计划，日本宇宙航空研究开发机构斥资两亿美元。对于太空探索来说，这个预算不算少，但也不算特别多。

对于科学家来说，探测小行星，尤其是从小行星上采集样品意义重大。因为在太阳系中，八大行星和月球这样的大天体，在漫长的岁月中已经发生了变化，我们很难透过它们去了解太阳系初期的奥秘。而小行星恰恰相反，它们是太阳系的"活化石"，完整地保存着行星诞生时的记录。组成行星和小行星的基础材料是什么？行星诞生的时候，太阳系星云内是什么情况？以上这些艰深的问题，人类都有可能从小行星身上找到答案。[1]

隼鸟号探测器由通信、电源、推进、取样、数据处理、姿态控制等系统和

---

1 小惑星探査機はやぶさ, https://web.archive.org/web.

仪器组成，总重仅 500 千克，还不如一辆小轿车重。隼鸟号探测器轻盈的秘诀在于 A、B、C、D 四个氙[1]离子发动机。四个圆形的喷口在隼鸟号上排列成整齐的正方形，样子很像一个浴霸，喷出蓝色的等离子火焰。与传统的化学发动机相比，这种新式离子发动机用氙气作为燃料，要轻得多。四个离子发动机相当于是四保险，之后你会看到，幸亏是四保险，连三保险都不行。

隼鸟号的揪心之旅是从 2003 年 5 月 9 日当地时间下午 1 点 30 分开始的，M-V 火箭从日本鹿儿岛航天中心发射升空，它的任务是前往距离地球 3 亿千米的小行星——丝川（IPA），采集样本并带回地球。请你记住，这里所说的 3 亿千米只不过是小行星到地球的平均距离，实际上最远和最近会相差很大。想象在太空中飞向一个目标的情景时，你一定要抛掉我们生活在地球上的概念，太空中的天体与地球的相对距离都是在变化中的。

为了节省燃料，隼鸟号并不是直接飞向小行星，而是先进入与地球差不多

---

1 氙（Xe，读 xiān）：重的、无色的惰性气体，存在于空气中。

的绕日轨道。这是为了尽可能地利用大行星的引力弹弓效应来给自己加速。而隼鸟号要利用的大行星不是别人，恰恰就是地球自己。

在发射后不久，就有一台发动机出故障罢工了[1]。不过，四台中少了一台，问题不大，这都是在工程师的风险预计中的。

发射 1 年零 10 天后，隼鸟号再次接近地球，它要借助地球的引力弹弓效应达到更高的速度。隼鸟号再次飞离地球时，速度达到了每秒 34 千米[2]，这是子弹飞行速度的 30 多倍。以这样的高速又飞行了将近 4 个月，隼鸟号抵达了距离小行星丝川附近仅有 20 千米的地方。丝川的第一张近照也由此诞生了。[3]

丝川的外形像一颗土豆，又像是一颗从中间凹进去的花生。它仅有 540 米长，如果你在上面跑步，那么不到 2 分钟，你就可以从丝川的一头跑到另一头了。这张照片被登上了日本各大新闻的头条，人们津津乐道地讨论着图片上的岩石地区与光滑地区的对比，期盼着隼鸟号着陆时刻的到来。

就在这个时候，坏消息传来了。

原来，就在隼鸟号努力向丝川前进时，控制方向的部件出现了问题。隼鸟号通过 x 轴、y 轴、z 轴三个反作用轮来控制姿态，就像一个凳子的三条腿一样。可是，x 轴和 y 轴反作用轮先后失灵。三个坏了两个，真让项目成员们冷汗直冒。后来，还是靠化学引擎临时充当"拐杖"，隼鸟号才终于成功稳定姿态，得以继续工作。[4]

这个小小的插曲并未影响人们乐观的心情。经过三次降落演练之后，隼鸟

1 *Asteroid Explorer "HAYABUSA" Ion Engine Anomaly*, http://www.isas.jaxa.jp, Nov. 9, 2009.

2 「はやぶさ」世界初の快挙! イオンエンジンを搭載して地球スウィングバイに成功 , http://www.isas.jaxa.jp, 2004 年 5 月 20 日 .

3 *Hayabusa arrives Itokawa*, http://www.isas.ac.jp, September 12, 2005.

4 *Hayabusa arrives at Home Position, and Current Status of Hayabusa Spacecraft*, http://www.isas.jaxa. jp, Oct. 4, 2005.

号开始尝试正式着陆。

控制室外，数十家媒体的记者们紧盯着直播录像，不敢错过任何风吹草动。他们紧握麦克风、高举摄像机，期待第一时间向世界发布着陆成功的信息。

晚上9点，隼鸟号项目负责人、宇宙航空研究开发机构教授川口纯一郎发出了着陆命令。此时，隼鸟号正在丝川上空1000米处。隼鸟号渐渐下降，这是一个缓慢的过程。8小时后，隼鸟号以每秒6厘米的速度刹车，抛下一个印有88万人名字的标记球。标记球稳稳地落在丝川表面，像一个沙袋，没有弹起，没有滚动。它闪起白光，像茫茫大海中的灯塔，指引着40米外的隼鸟号。

这时，隼鸟号的取样器已经蓄势待发。它位于隼鸟号的最下方，是一个长长的圆柱体，样子像收起的金属渔网。按既定程序，取样器一旦收到传感器发出的着陆信号，就会释放出一颗直径10毫米、重5克的金属炮弹。当炮弹打到小行星表面时，会激起岩石碎屑，然后碎屑被瞬间收集到一个隔热胶囊中。所以，隼鸟号的"着陆"时间其实仅有1秒钟，它就像蜻蜓点水一样，在确定取样成功后，即升至高空。

现在，隼鸟号按预定计划直奔标记球而去。

看到这里，我要提醒你一个重要的概念。你在脑中还原任何太空探索的图景时，都不能忘记光速极限[1]。这对于我们正确理解太空探索过程中发生的一切现象至关重要。比如说，在听我讲到隼鸟号即将着陆、所有人都屏息凝神的时候，你千万不要忘了：实际上，地球上的人并不能实时知道隼鸟号的情况。隼鸟号的一切行为对于地球来说都是过去式，地球人无法实时干预隼鸟号的任何行动。

地球与隼鸟号的单程通信延时是16分钟。也就是说，地球发一个指令给隼

---

1 光速极限：爱因斯坦在相对论里提出的猜想，即光速是速度的极限。

鸟号，要等半个多小时地球人才能知道这个指令是否被成功接收了。因此，对于着陆这样的行为，只能靠隼鸟号自动驾驶，人类完全帮不上它。川口教授和他的同事们唯一能做的事情，只能是紧盯着射电望远镜接收到的一串串数据。

时间慢慢过去了，电脑画面渐渐揪起了所有人的心。在不知道发生了什么的情况下，诡异的 30 分钟过去了。依据数据，隼鸟号似乎在 10 米左右的高度飘移，并没有着陆。

此时丝川的表面温度超过 100℃，如果保持这种高度，隼鸟号上的设备很有可能会受损。于是，川口教授不得不发出指令，让隼鸟号上升。等数据恢复正常后，隼鸟号已经进入了安全模式，上升到距丝川 60—79 千米的高度上。[1]

这 30 分钟到底发生了什么呢？之后的重播数据揭开了真相。原来，当时隼鸟号正歪斜着身子狼狈地摔向丝川，在两次轻微反弹之后，采样器的喇叭和一块太阳能电池的前端一起触地。它以这样的姿态，在丝川上整整停留了 30 分钟。由于隼鸟号当时以安全模式着陆，所以并没有发射子弹，但在两次反弹的时候，可能采到了地表被震起的小岩石和沙砾。[2] 当然，这仅仅是一种微小的可能。

就这样，隼鸟号的第一次着陆失败了。

为了赶上回程轨道，隼鸟号必须在 12 月之前启程离开。它只能选择在 2005 年 11 月底或 12 月初再次着陆。留给隼鸟号的时间不多了。[3]

短短 4 天后的 11 月 25 日，隼鸟号开始了第二次着陆。项目成员抱着必须完成任务的决心，紧张而有序地发布指令。

---

1 Yasunori Matogawa, *Hayabusa: To 880,000 Little Princes and Princesses*, http://www.isas.jaxa.jp, Nov. 21, 2005.

2 *Hayabusa Landed on and Took Off from Itokawa Successfully*—Detailed Analysis Revealed, http://www.isas.jaxa.jp, Nov. 24, 2005.

3 *Fate of Hayabusa,* http://5thstar.air-nifty.com, Nov. 11, 2005.

11 月 25 日晚 10 时左右，隼鸟号开始从距离丝川 1000 米处下降。8 小时后，也就是 26 日早晨 6 点左右，隼鸟号在光学导航系统的引导下，进入垂直下降阶段，向着标记球前进。

现在一切就要看隼鸟号自己了，项目成员们的注意力都集中在显示器上。如果任务成功，显示器将显示三个英文字母——WCT；如果任务失败，显示器将显示另三个英文字母——TMT。所有人都屏息无声地盯着显示器。上午 7 点 35 分，显示屏的右下角清晰地显示出 "WCT" 的绿色字母！着陆成功了！

控制室里立刻响起了热烈的掌声，人们激动地握手、拥抱，压在所有人心头的大石头终于放下了。就在项目组成员与媒体欢呼庆祝时，谁也想不到，刚刚打完胜仗的隼鸟号将迎来它本次征程中最绝望的一刻。

问题还是出在了隼鸟号的设备上。就在着陆成功仅 3 个小时后，化学推进器出现故障。事实上，故障的迹象在隼鸟号下降阶段就已经出现了。[1]

燃料泄漏让化学推进器的转速[2] 迅速下降。长期以来，化学推进器就像拐杖一样，与仅剩的一条 "好腿"——z 轴反作用轮一起，支撑着隼鸟号残缺的身体。现在，这根拐杖也坏了，隼鸟号的姿态将完全无法控制。现在，隼鸟号就像喝多了酒的醉汉，东倒西歪，不规则地旋转，太阳能电池板无法对准太阳，高增益天线也无法对准地球。

在勉强支撑了几天之后，从 12 月 9 日开始，隼鸟号与地球失去了联系。无论地球怎样 "呼喊"，也无法收到隼鸟号的回应。真是上一秒天堂，下一秒地狱。项目负责人川口和同事们的心情跌入谷底：在宇宙中寻找失联的航天器，就像在沙漠中寻找一粒沙子。五六年前的希望号火星探测器也是在即将抵达火

---

1 Yasunori MATOGAWA, *The Longest Day of "HAYABUSA"*, http://www.isas.ac.jp, Nov. 27, 2005.

2 转速（rotational speed 或 Rev）：做圆周运动的物体在单位时间内沿圆周绕圆心转过的圈数。

星的前一刻与地球失联，此后就再也没有联系上，难道希望号的悲剧又要再次上演吗？

这时候，唯一能够帮助日本人的只有概率，你叫它运气也行。其中的道理是这样的：隼鸟号在经历一段时间无规则的乱摆后，最终会稳定下来，绕着自转轴旋转。但是，稳定下来的隼鸟号大概率上是"休眠加失联"的状态，因为它的太阳能电池板没有对准太阳，天线也没有对准地球。不过，千万别忘了，这时候的隼鸟号是绕着太阳公转的一颗卫星，而地球也在绕日转，隼鸟号与地球和太阳的相对位置是在不停地变动的。因此存在一个概率，在某个时间点上，太阳能电池板和天线的朝向恰好对准了太阳和地球，在这个短短的时间窗口期，如果日本人能重新与隼鸟号建立通信联系，就能重新拿回隼鸟号的控制权。

经过一系列计算，科学家们排列出各种可能性，得到了一张隼鸟号能够找回来的概率表。结论还比较乐观，在 2006 年年底前，成功找回隼鸟号的概率将超过 60%。

一张小小的概率计算图表就是他们的全部筹码。于是，日本人拿着这张概率表开始了漫长的等待。控制中心唯一能做的就是不断地向隼鸟号发送信号，呼叫隼鸟号，24 小时紧盯它的回应。应该说，他们的运气真的很好，仅仅过去了 45 天，在 2006 年 1 月 23 日隼鸟号回话了！

对于隼鸟号团队来说，这恐怕是他们一生中最漫长的 45 天，隼鸟号真的是一只"不死鸟"！

不过，此时的隼鸟号已经是伤痕累累，情况很不乐观。在隼鸟号的 11 块锂离子电池中，有 4 块电池无法工作；3 个反作用轮坏了 2 个；化学推进器的燃料完全流失；由于燃料泄漏，整个航天器都处在燃料气体爆炸的危险之中[1]。

---

1 *Current Status of Hayabusa Spacecraft – Communication and Operation Resumption*, http://www.isas.jaxa.jp, Mar. 8, 2006.

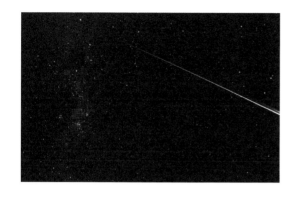

隼鸟号探测器的密封舱正在下降

拖着这样一个残破的身体，隼鸟号踏上了回家的路。

2007年4月25日，离子发动机重新启动，隼鸟号以"2010年回归地球"为目标，开始了返航之旅。[1] 两年过去，返程之路基本顺利。而就在2009年11月4日，回家倒计时仅4个月时，隼鸟号迎来了九九八十一难中的最后一难。这"最后一难"比以往都更加致命，而逃过这一难的情节也最富有戏剧性。我看的那个版本的电影，编剧在这个情节上花了好大的力气。

新问题出现在支撑隼鸟号回家的核心——离子发动机。在坚持了6年多之后，四台离子发动机已经濒临报废。然而，至少需要两台发动机提供动力，隼鸟号才能顺利回家。我们来看一下当时离子发动机的状态报告：

发动机A：在发射后不久就因为不稳定而暂停运行。

发动机B：由于中和器电压下降而暂停工作。

发动机C和D：由于退化，它们都显示出偏高的中和电压。

1 *Hayabusa leaves for Earth*, http://www.isas.jaxa.jp, May 1, 2007.

原本发动机 C 和 D 还能勉强支撑运行，但随着发动机 D 的自动停止工作，这个平衡被打破了。没有动力，隼鸟号将在宇宙中自由飘荡，最终沦为太空垃圾，整个小行星取样计划将宣告失败。

隼鸟号团队开始了挽救离子发动机的头脑风暴。离子发动机分别由两部分组成：离子助推器和中和器。换句话说，四台离子发动机就有四个助推器和四个中和器。在当初设计的时候，这八个部件是相对独立运作的，也就是说，可以通过编程来改变它们之间的联结方式。现在工作的四台发动机，有的是离子助推器破损，有的是中和器失效，如果重新排列组合，把完好的部分拼在一起，就有可能组合成两台可用的发动机。理论上说起来简单，但实际操作过程中还是有很多的困难要克服。最终，他们将发动机 A 的中和器和发动机 B 的离子助推器结合，产生了足够的推力，再加上发动机 C，终于又有了两台可工作的离子发动机。[1]

2010 年 6 月 5 日，隼鸟号完成回归地球前的最后一次轨道修正。

6 月 13 日，隼鸟号探测器主体与隔热胶囊分离，21 点 50 分，隼鸟号以每秒 12 千米的速度进入距地面 200 千米的大气层，在夜空中燃出一道焰火般的美丽弧线。不久，探测器主体在空中燃烧殆尽，只剩下一个小小的隔热胶囊持续下降，在高度约 10 千米的地方，降落伞成功打开。隔热胶囊最终降落在澳大利亚南部伍默拉附近的沙漠地带。

6 月 14 日下午，项目组成员在沙漠中找到隼鸟号的隔热胶囊。在这个直径 30 厘米、仅重 6 公斤的金属物中，珍藏着隼鸟号竭尽全力护送归来的小行星礼物。项目组成员、各大媒体、市民都围在日本宇宙航空研究开发机构门口，用鲜花和掌声迎接隼鸟号的归来——历时 7 年，这只传奇的"不死鸟"终于传奇

---

1 *HAYABUSA: Resumption of Return Cruise by Combining Two Ion Engines*, http://www.isas.jaxa.jp, Nov. 19, 2009.

般地回家了！

归来的隼鸟号成为英雄——"不死鸟"的故事不但被拍成了三部电影，它的身影还出现在音乐、视频、动漫、游戏作品中，乐高公司也制作了隼鸟号的模型玩具。

在隼鸟号样品回收箱的两个隔层中，共发现了约 1500 粒来自小行星丝川的岩石颗粒[1]。

2011 年 3 月 10 日，日本宇宙航空研究开发机构的研究小组在美国得克萨斯州的月球与行星科学大会（ISLPS）上，首次对外公布隼鸟号带回的微粒的初步分析结果。研究人员发现微粒中存在橄榄石、斜长石等岩石的大型结晶。研究人员认为，这些岩石可能曾经历高温。同时，他们还发现，微粒与地球上发现的一种陨石特征一致，而且微粒受热后产生的气体不具备地球物质特征。此外，在对岩石的检测中未检出有机物、碳元素等与生命有关的物质。

隼鸟号的故事到这里就结束了。4 年后，隼鸟号的升级版——隼鸟 2 号，再一次向着小行星出发了。有了隼鸟号的经验，隼鸟 2 号的旅程可谓风平浪静，然而，在它到达目标小行星龙宫（Ryugu）的上空时，竟遇到了让人意想不到的困境。让项目组成员们几乎崩溃的龙宫到底是何方神圣？隼鸟 2 号遇到的困境到底是什么呢？请看下一章。

---

1 *Particles Brought Back By Hayabusa Identified as from Itokawa,* http://www.isas.jaxa.jp, Nov. 16, 2010.

索伦之眼

Fomalhaut b Planet

2006
2004

14

隼鸟 2 号的
着陆窘旅

上一章我给你们讲了隼鸟号的精彩故事，这个故事只要把真实的情节叙述出来，就是一部电影，连编剧都不需要了。而下面要登场的是隼鸟号的升级版——隼鸟 2 号，它的旅程依旧精彩。

2018 年 6 月 27 日，地球上的夏至刚刚过去。在位于神奈川的日本宇宙航空研究开发机构的控制室内，隼鸟 2 号项目的总负责人津田雄一与他的 600 位同事，正焦急地等待着什么。没错，这个时刻到来了！在发射后的第 1302 天，隼鸟 2 号经过 3 亿千米的长途跋涉，终于抵达了距离目标小行星龙宫 20 千米左右的地方，并且与小行星保持了相对静止。

这一刻，控制室内立刻爆发出热烈的掌声，研究人员们欢呼雀跃——4 年的等待终于没有白费。很快，隼鸟 2 号就传来了小行星龙宫的第一套珍贵的特写照片。可是，令人万万没有想到的是，当小行星龙宫的地貌逐渐显现出来后，笑容在津田雄一脸上凝固了。他怎么也没有想到，小行星龙宫竟然是这个形状，这张令人吃惊的"麻脸"或许会引发灾难性的后果……

那么，小行星龙宫到底长什么样呢？为什么小行星的"颜值"对着陆至关重要？隼鸟 2 号到底有没有顺利着陆呢？

咱们书归正传，从头讲起。让我们先来认识一下隼鸟 2 号。

基于隼鸟号的教训，隼鸟2号做出了一些针对性的改进[1]。

第一个重要改进针对姿态控制系统。隼鸟号有三个用于姿态控制的反作用轮，但在第一次着陆前就坏了两个。隼鸟2号增加了一个反作用轮，并且尽量少地去使用它们。

另一个重要改进针对燃料和氧化剂管道的走线。隼鸟号有两种走线管道，但遇到问题时都不管用，在第二次着陆后发生了可怕的燃料泄漏。所以，隼鸟2号的化学推进系统进行了优化，具体方式有改进阀门清洗方法和气密性试验、减少焊接位置、审查焊接程序等[2]。

隼鸟2号还改进了离子发动机。隼鸟号有四个离子发动机，在任务的最后，它们老化严重，坏的坏，伤的伤，最后勉强才拼凑出一个好用的。所以，隼鸟2号用等离子体保护放电器的内壁，并且通过加强磁场来降低电子发射所需的电压，来延长发动机的使用寿命[3]，引擎的推力水平也增加了20%左右。

我们再来看看这次隼鸟2号探测的目标——小行星龙宫。它位于地球和火星之间，于1999年被发现。"龙宫"这个名字和隼鸟号拜访的丝川一样，都是日本决定对它进行探索后才起的名字，来源于日本民俗故事《浦岛太郎》。在故事中，渔民浦岛太郎救了一只乌龟，乌龟为了报恩，将他带到了水下的龙宫。浦岛太郎爱上了一位恳求他留下来的公主，三天之后他希望回到水面。作为一份离别礼物，公主给了他一个盒子，告诉他永远不要打开。回到家后，浦岛太郎震惊地发现300年过去了，他认识的每个人都已经死了。在困惑中，他打开盒子，立刻被一团白雾笼罩。当白雾消失后，他发现自己变成了一个老人，因

1 M. Yoshikawa, H. Kuninaka, N. Inaba, Y. Tsuda, *HAYABUSA 2, THE NEW CHALLENGE BASED ON THE LESSONS LEARNED OF HAYABUSA*. JAXA, https://ssed.gsfc.nasa.gov.

2 Hayabusa 2 Project Team, *Hayabusa 2 Information Fact Sheet,* Ver. 2. 3, pp46, Jul. 5, 2018.

3 *Overview of Hayabusa 2 Major Onboard Instruments,* https://global.jaxa.jp/.

隼鸟 2 号拍摄的龙宫

为盒子里有他的过去。[1] 你能不能从这个故事中听出"龙宫"的寓意呢?

在故事中,浦岛太郎在"龙宫"的盒子里找到了他丢失的过去。而隼鸟 2 号的目的就是取得小行星龙宫的物质样本,并带回地球,希望从中获取太阳系最初的信息。

龙宫是一颗 C- 型小行星[2],比隼鸟号探索的丝川更加原始,像一颗"时间胶囊"。了解小行星上的物质构成有助于我们了解地球和生命的起源。由此可见,龙宫绝对是被寄予厚望的。那么,在出发之前,隼鸟 2 号研究团队对龙宫了解多少呢?

通过红外观测,研究团队知道龙宫的直径约为 900 米,表面积有 9 个足球场那么大,大致呈球形。它的反射率很低,仅有 0.05,就像一个黑色的土豆。

隼鸟 2 号在 4 年中不断传回龙宫的照片,但始终都像打着马赛克,不见庐

1 Hayabusa 2 Project Makoto Yoshikawa, *What Kind of Asteroid is Ryugu?*, http://www.hayabusa2.jaxa. jp/, Apr. 4, 2018.

2 C- 型小行星:含碳的小行星,它们是最普通的小行星,约占已知小行星的 75%。

山真面目。于是，就有了本章开头的那一幕。当隼鸟2号距离龙宫仅20千米，拍下第一张特写近照时，研究人员还真被吓了一跳——谁都没想到，龙宫不是预想中的球形，而更像一个奇异的算盘珠。更可怕的是，龙宫有一张麻子脸，上面密密麻麻满是凹凸不平的岩石。

为了弄清岩石的数量，项目团队用绿色在龙宫的照片上标记出直径大小在8—10米的岩石。[1] 这是一张让人忍不住犯密集恐惧症的图片——满眼都是星星点点、荧荧的绿色。

这些岩石的分布事关隼鸟2号任务的成败。因为隼鸟2号的着陆条件很严苛，着陆点必须满足以下几点要求 [2]：

1. 表面的倾斜度平均在 30° 以内。

2. 着陆时，隼鸟2号的太阳能电池板需要与龙宫表面平行。如果着陆点部分倾斜，航天器的姿态也将倾斜，进入太阳能电池的太阳光会减弱。

3. 应有一个直径约 100 米的平坦区域。隼鸟2号自主着陆时，导航制导系统的精度估计约为 ±50 米。因此，为了安全着地，必须选择一个直径约 100 米的平坦区域。

4. 周围的巨石高度不高于 50 厘米。隼鸟2号的下端有一个从表面收集材料的采样器喇叭，长度约为 1 米。因此，当采样器喇叭的尖端接触地面时，周围的巨石不能高于 50 厘米，否则隼鸟2号就会有"触礁"的危险。

5. 表面温度低于 97℃。接地点的温度必须低于此极限，以防止由于地面热量导致隼鸟2号安装的设备因过热而失效。

因此，岩石遍布的龙宫有一个致命的问题：无法满足着陆条件中的第3

---

1 Tatsuhiro Michikami, *Boulders on the Surface of Asteroid Ryugu*, http://www.hayabusa2.jaxa.jp/, Aug. 31, 2018.

2 Hayabusa 2 project, *The Touchdown Site,* http://www.hayabusa2.jaxa.jp, Feb. 19, 2018.

点——无法提供一个直径约 100 米的平坦区域。别说 100 米了，它上面甚至连一个直径为 20 米的平坦区域都难以找到。

再回看隼鸟 2 号，它长 1 米，宽 1.6 米，高 1.25 米。两边的两个大翅膀——太阳能板，长 6 米，宽 4.23 米。这个大小相对于龙宫的"岩石丛林"来说，就显得太大了。所以，着陆龙宫最大的难题就是找到一个"落脚点"。

好在天无绝人之路——隼鸟 2 号导航制导系统的精度是可以提高的。通过练习，可以从现在的 ±50 米达到 ±20 米，甚至 ±10 米。于是，隼鸟 2 号项目团队兵分两路：第一路通过不断测试来提高着陆精度；第二路仔细研究龙宫的地形，努力找出一个适合的着陆地点。

2018 年 8 月 17 日，行动正式开始了。

隼鸟 2 号团队在分析了各种地点的巨石分布图之后，把岩石数量较少的 L08 确定为隼鸟 2 号着陆点的第一备选，L07 和 M04 作为后备选项。名称"L"和"M"指的是低纬度（L）和中纬度（M）位置。[1]

这里我要特别说明一下，隼鸟 2 号还有两个小型的附属设备，一个叫小型巡视器，另一个叫着陆器。它们俩就像是隼鸟 2 号派出的侦察兵，可以提前在小行星上着陆，为隼鸟 2 号提供更精确的数据。

9 月 21 日，小型巡视器顺利着陆。10 月 3 日，着陆器顺利着陆。

小任务的接连成功让所有人都振奋不已，人们暂时从着陆困难的阴霾中走出。很快又传来好消息：在隼鸟 2 号项目团队的努力下，着陆范围再一次缩小，圈画出了石块较少的 L08-B 区。正当大家以为万事大吉，隼鸟 2 号着陆无忧时，意外发生了。

隼鸟 2 号团队突然宣布：原定于 2018 年 10 月底着陆的计划，将推迟到

---

1 Hayabusa 2 Project, *Determination of Landing Site Candidates!*, http://www.hayabusa2.jaxa.jp, Sept. 3, 2018.

隼鸟 2 号向龙宫投放的设备

2019 年 1 月以后。在 2018 年 10 月 10 日的新闻发布会上，研究人员无奈地说："龙宫开始对我们张牙舞爪了。"

这个消息非常突兀。从隼鸟 2 号的官方推特来看，简直完全没有道理，前一篇还是一切顺利，怎么突然就推迟了呢？还一下子就推迟了 3 个月？

隼鸟 2 号团队官方给出了两个原因：一是为了通过现有的数据更好地了解龙宫的地表条件，二是为了增加隼鸟 2 号的导航精度。[1] 其实，导致着陆计划推迟的导火索，是一个月前的测试中发生的意外。

一个月前，隼鸟 2 号在降落到 600 米处时，自动停止了下落，并且突然和地面失去了联系。地面的研究人员除了等待别无他法。等信号恢复后，他们竟然发现隼鸟 2 号已经自动返回到了 20 千米处。[2] 这到底是怎么回事呢？

隼鸟 2 号失联、自主攀升的行为看似诡异，其实原因非常简单，甚至有点

1 Hayabusa 2 project, *Schedule Change for the Touchdown Operation*, http://www.hayabusa2.jaxa.jp, Oct. 14, 2018.

2 Operation Status, http://www.hayabusa2.jaxa.jp.

好笑——龙宫太黑了。别忘了，龙宫的反射率只有 0.05，在漆黑的宇宙背景下，就像黑人掉进煤堆一样，很难找到。而隼鸟 2 号是通过激光来测定距离的，如果龙宫太黑，光反射不回来，探测器无法获取高度，为了躲避风险，就会自动上升。2018 年 10 月 3 日，着陆器的官方推特发了这样一条推文："哇！龙宫是如此黑，我无法定位自己。我不得不使用我的摇臂重新定位，以便我可以继续收集科学数据……现在好多了！"[1]

这次意外暴露出一个关键问题：面对漆黑的龙宫，隼鸟 2 号激光测距的定位方法有时会失效。有没有一种更好的定位方法呢？

你不妨想一想，如果一个黑人掉入煤堆，如何使他迅速被认出？很简单：让他咧嘴一笑，露出白牙。隼鸟 2 号精准定位的关键就在于：在龙宫上布置一颗"白牙"，也就是释放会发光的标记球。隼鸟 2 号只要瞄准"白牙"，就能被精准地引导了。

这个设想很好，但实际操作起来，导航精度能否达到要求呢？这需要谨慎的实验来验证。于是，隼鸟 2 号团队进行了两次"排练"。这次，命运向隼鸟 2 号团队露出了微笑，两次排练都进行得非常顺利。

10 月 25 日，隼鸟 2 号利用激光测距（LRF）的方法，自动下降并悬停在 L08-B 区上空，在龙宫上投射出一个小小的影子。然后，像是母鸡下蛋一样，一个圆圆的标记球从隼鸟 2 号底部释放出来，直直地落在龙宫上，滚动了几米。标记球是用逆向反射材料制作的，能够反射太阳光，形成一个亮晶晶的光点。虽然只有 10 厘米大小，但它却是龙宫上导航的灯塔。

这一天，隼鸟 2 号项目团队兴奋地在推特上写道："这个尝试取得了巨大的成功！"

---

1 原文是：Wow! Ryugu is so dark that I had trouble orienting myself. I had to use my swing arm to relocate so I could continue collecting scientific data... Much better now!

现在，隼鸟 2 号成功着陆的一个重要条件"导航定位"已经顺利满足。但是隼鸟 2 号依然面临一个大难题：符合要求的着陆地点还是没找到。经过几轮测试和练习后，导航的准确度已经提高到了 ± 15 米。也就是说，符合要求的平坦区域直径达到 30 米即可。但问题是，L08-B 的直径仅为约 20 米。

幸运的是，这个棘手的问题也刚好被 10 月 25 日释放的"灯塔"解决了。原来，"灯塔"的存在，为隼鸟 2 号提供了一种"精确触地"的方法，把最终的导航精度提高到了 ± 2.7 米。换句话说，直径 20 米的空间绰绰有余了。

最终，隼鸟 2 号选择了离目标标记较近的 L08-E1 区。那里比 L08-B 区狭窄，宽度为 6 米，刚刚满足隼鸟 2 号现在的导航精度。[1] 项目团队说："虽然这个区域的大小只是勉强够用，但我们会尝试在这里触地得分。"

终于，在一颗小小标记球的帮助下，所有难题迎刃而解。隼鸟 2 号已准备就绪，可以迎接最后的光辉时刻了。

2019 年 2 月 6 日，隼鸟 2 号团队在日本宇宙航空研究开发机构东京办事处举行了新闻发布会，向全世界宣布：触地时间定在 2 月 21 日，着陆位置为 L08-E1。

整个着陆过程没有地面干预，隼鸟 2 号只能靠自己。

2 月 21 日，东京时间 13 点 45 分，隼鸟 2 号开始以 0.9 米 / 秒的速度下降。在下降到距龙宫 40 米处时，它"看到了"标记球，缓慢地移动过去。[2] 突然，它停下了，因为这附近有一块 2 米高的岩石。隼鸟 2 号不得不继续调整自己的姿势。终于，它避开了所有大型岩石，准确到达了着陆点的上空，就像猎人锁定了猎物一样，非常耐心地一点一点接近目标。

---

1 Hayabusa 2 project, The Touchdown Site, Feb. 19, 2018.

2 详见 JAXA 发布的视频：Asteroid Explorer "Hayabusa 2" Launch Live Broadcast。

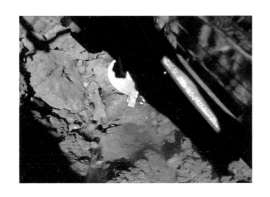

隼鸟 2 号在龙宫着陆

就这样，下降一直持续到第二天上午 7 点 29 分，隼鸟 2 号的底端抵达了龙宫。它仅轻轻地一触，便迅速弹起，激起碎石飞舞，然后优雅地重新回到上空。

与隼鸟号的设计一样，所谓的"着陆"，其实就是蜻蜓点水那样轻轻碰一下。在隼鸟 2 号底部有一个长长的、筒状的东西，名为"取样喇叭"。在它的顶端接触小行星表面的瞬间，它会发射子弹，在龙宫的表面激起碎片，这些碎片会被取样喇叭收集起来。整个过程复杂且迅速，仅在几秒之内便能完成，之后隼鸟 2 号立刻转为上升状态。这精彩的瞬间被称为"触地得分"。

由于信号延迟，几分钟后，地面上的隼鸟 2 号项目团队才接到"着陆"成功的信号。一时间，控制室里响起一片热烈的掌声，人们高声欢呼、互相拥抱，总负责人津田雄一更是忍不住流下了激动的泪水。

然而，着陆成功只是一个开始。

2 个月后，2019 年 4 月 5 日，隼鸟 2 号向小行星龙宫表面发射了携带 9.5 公斤炸药的撞击器——SCI。在爆炸的巨大威力下，小行星地下岩石喷涌而出。撞击器给龙宫表面制造了一个人工撞击坑，炸出了小行星的深层物质。

又 3 个月后，2019 年 7 月 11 日，隼鸟 2 号二度成功登陆小行星龙宫，采集到了上次炸出来的地下岩石标本。

在我们欢度国庆节期间的 10 月 3 日，日本官方宣布，隼鸟 2 号成功完成了小行星漫游车的释放任务。至此，隼鸟 2 号的小行星考察任务全部完成。它于 2019 年 12 月 3 日出发返回地球，预计 2020 年年底回到地球的怀抱。

看起来一切都很顺利。但别忘了，太空探索充满了不确定性和意外，在没有拿到最终的样品前，隼鸟 2 号的任务都有可能因为任何微小的失误而前功尽弃。因此，隼鸟 2 号团队丝毫不敢大意，现在依然是他们最为紧张的时候。

让我们一起期待隼鸟 2 号的归来吧。或许你不愿意看到日本在太空探索领域与我国有的一拼，但这一刻，我还是希望你暂时放下民族感情，这毕竟是代表全人类的太空探索事业。日本在太空探索领域取得的成果是属于全人类的，将来总有一天，人类要向宇宙社会展示我们的文明史。当我们面对外星文明时，我们一定会说："人类，而不是美国人，于 1969 年 7 月 20 日登上月球；人类探测器，而不是中国探测器，于 2019 年 1 月 3 日成功登陆月球背面；人类探测器，而不是日本探测器，于某年某月某日，第二次将小行星物质带回地球。"

科学是属于全人类的壮丽事业，任何科学成就放到宇宙的大背景下，都是属于全体人类文明的成就。

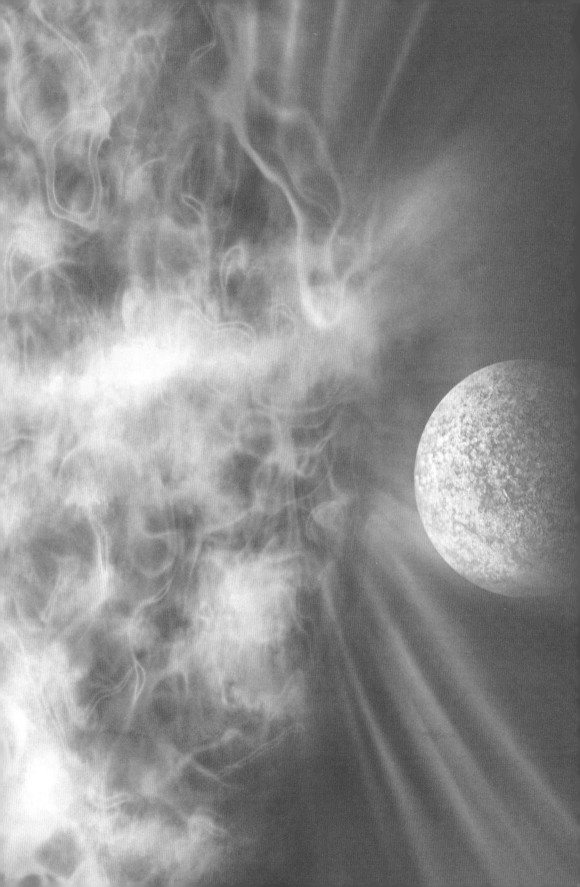

太阳耀斑、金星和水星

15

帕克号的
太阳之吻

在过去的数十年时间里，人类发射了许多深空探测器，对月球、火星甚至是太阳系边缘的冥王星、柯伊伯带都进行了一系列的研究，唯独没有近距离访问过太阳。是人类对太阳没有兴趣吗？当然不是。其实，早在 1958 年 NASA 成立之初，科学家们就把探测太阳列为必须完成的科研任务之一。但是，那么多年过去了，近距离访问太阳却成了当年清单里唯一没有实现的愿望。

　　2018 年，距离哥白尼提出日心说已经过去了 475 年。北京时间 8 月 12 日下午 3 点 31 分，美国佛罗里达州卡纳维拉尔角空军基地，运载着帕克太阳探测器（Parker Solar Probe）的德尔塔Ⅳ型重型火箭发射成功，随后顺利完成火箭分离，帕克太阳探测器脱离地球引力进入预定轨道。这个太阳探测器预计在未来 7 年中，完成在这之前不可能完成的任务。

　　帕克太阳探测器将要抵达的地方是此前人类想都不敢想的。那里距离太阳仅为 612 万千米，是水星轨道半径的 1/10，相当于 4.4 个太阳直径。估计听到这些数字，你依然没有直观的感受。我这么打比方：假如地球飞到那个位置，我们看太阳，会发现它的视面积增大了约 600 倍。

　　在这么近的距离上，你或许会以为太阳的高温炙烤是对探测器的最大考验。没错，对于探测器来说，高温确实是一项严峻的考验。但是比高温更可怕的却是另外一样东西，而发现这样东西的不是别人，正是用以命名探测器的尤

我们看到的原始大小的太阳

我们看到的放大 600 倍的太阳

金·帕克（Eugene Parker）。历史上头一回，NASA 以在世科学家的名字作为任务的正式名称，这是给尤金·帕克老爷子最好的 90 岁生日礼物。

　　1958 年，帕克还是一位 30 岁出头、热爱天体物理学的美国芝加哥大学研究员。他从小就喜欢静静地坐在书桌前，写写方程式，试图理解宇宙中的天体是如何相互作用的，我们在地球上所知道的一切是如何演算出来的。那段时间，他的注意力在太阳身上。通过对一个描述从太阳到太阳系边缘等离子体的流体力学方程的演算，他惊奇地发现：太阳大气层并不是静止的，而是在高速运动着。太阳外部大气层（日冕）的超高温会让粒子冲破太阳的引力束缚，向太阳系各个方向释放。这种日冕膨胀的现象后来被他命名为"太阳风"。这个发现是惊人的。因为在此之前，大多数人认为太阳和地球之间空空如也，没有任何东西，也不可能有什么风可以超音速从太阳一直吹到地球。

　　这位研究员激动地把这些发现写成论文，可是接下来的事情让他非常憋屈。由于太阳风的发现与大多数人的认知不一样，论文的发表遭受到了重重困难和极大的争议。幸运的是，这位年轻人的运气非常好，他的理论在 4 年后就得到了证实，包括美国水手 2 号、苏联月球号等多个探测器都探测到了太阳风。

　　太阳风的发现让科学家们兴奋不已。在接下来的几十年里，人类发射了一系列太阳探测器，如太阳神号、SOHO 号、尤利西斯号。但如今 60 年过去了，长期折磨着太阳物理学家的两大谜团仍然悬而未决。

谜团一：为什么太阳的表面温度远远低于日冕的温度？

太阳的表面温度约为 6000℃，但日冕的温度竟然超过了 100 万℃。就像你参加了一个夜间篝火晚会，在篝火旁你觉得温暖，但当你远离篝火时，温度不降反升。这个现象很奇怪，科学家们一直在试图弄明白这是怎么回事。

谜团二：太阳风是如何被加速到超音速的？

太阳风的速度达到了 400—500 千米 / 秒。然而令人惊奇的是，在靠近太阳表面的地方，并没有任何明显的强风存在。因此可能存在一些未知因素，使太阳风获得了极高的加速度。NASA 戈达德航天中心的科学家亚当·萨博（Adam Szabo）认为，我们已经发现太阳风 50 多年了，但是太阳风到达地球时已经改变了很多。只有通过对太阳的近距离研究，我们才能知道太阳的哪个部分为风粒子提供了能源，以及它们是如何加速到如此惊人的高速度的。

因此，为了进一步解开谜团，我们需要更近距离地探测太阳。那我们有没有可能像隼鸟 2 号探测小行星龙宫那样，在上面撞个坑呢？你想什么呢！太阳的表面相当于一个每秒钟爆炸千亿颗氢弹的地方。能靠近它不被烧毁就已经谢天谢地了。

距离太阳越近，太阳风就越强烈，这些高能粒子会像暴雨梨花针一样撒向探测器，想抵御太阳风的侵袭，谈何容易啊！最大的难题就是如何制造出一枚能抵御高温和强烈太阳风的盾牌。

为此，约翰斯·霍普金斯大学应用物理实验室项目组向 NASA 贡献了一块白色盾牌。这块盾牌的官方叫法是"热防护系统"（Thermal Protection System, TPS），直径 2.43 米，厚 11.4 厘米，它的顶部是一层反射光的氧化铝涂层，里面

航天飞船外部的热防护层

是两块碳板夹着一层碳/碳复合材料泡沫。仅仅靠这11.4厘米，大概只有一本百科全书厚的防热盾保护，背后的科学仪器就可以在周围1400℃高温的环境里始终处于30℃左右的室温里。

这么厉害的材料是怎么被发现的呢？有些事情说起来就是那么凑巧。1958年，也就是尤金·帕克发现太阳风的那年，美国钱斯·沃特（Chance Vought）航空公司实验室因为一次偶然失误，获得了意外的发现。当时，实验室正在测定碳纤维在有机基体复合材料中的含量，由于实验过程中的操作失误，有机基体没有被氧化，反而被热解，于是得到了碳基体。实验室随后惊喜地发现这种复合材料具有的特殊结构特性。就在那时，碳/碳复合材料诞生了。科学史上有很多重要的发现或者发明都是源于类似的偶然失误。

这种碳/碳复合材料具有低密度、高比强[1]、高比模量[2]、低热膨胀系数等一系

---

1 比强：工程中，结构的最大承载力与所耗材料重量的比。

2 比模量（specific modulus）：材料性质，指单位密度的弹性模量。

列优异性能。尤其在 1000℃—2300℃的区间，随着温度升高，其强度不降反升，是航空航天领域非常理想的超高温结构材料。但在最初 10 年，碳／碳复合材料技术发展得极为缓慢，经过了 20 多年技术的更新迭代，与之有关的研究和应用才逐渐活跃起来。20 世纪 80 年代初，碳／碳复合材料被正式运用到了航天飞机笔锥帽和机翼前缘。

但是，碳／碳复合材料有一个致命的弱点：它在高温氧化性环境中极易发生氧化反应。实际上，碳／碳复合材料在空气中超过 370℃就会开始氧化，这极大地限制了它作为高温结构材料的应用。后来，科学家们研发了抗氧化涂层，使碳／碳复合材料能够在更高温的环境中工作。而且，由于许多深空探测任务得持续好几年甚至更长的时间，抗氧化涂层体系从一开始的玻璃、金属、陶瓷等单一材质，不断更新换代到碳化硅、氮化硅、氧化铝等复合结构。复合涂层可以在 1650℃以下较长时间地保护碳／碳复合材料。

每一项重大发现创造的背后，都凝聚着一代科学家的智慧与辛劳。尽管我们有了碳／碳复合材料和复合抗氧化涂层，热防护系统的开发还是耗费了项目组接近 10 年的时间。但不得不说，碳／碳复合材料的出现直接催生了近距离探测太阳这个伟大工程。

不过，有了合适的盾牌材料不代表就能制造出一个能与太阳"接吻"的探测器，太空飞行所要面对的各种复杂情况层出不穷。除了盾牌，帕克号还有下面这些黑科技。

帕克号有一套超级智能的自动姿态控制系统。假设防热盾牌是一把伞，太阳释放的热能是从天而降的雨，为了避免被淋湿，撑伞的人必须时刻控制伞的角度。但帕克号毕竟是一个无人探测器，通信时延有 17 分钟左右，且太阳辐射对信号传递干扰极大，这意味着帕克号必须足够智能和灵活。为此，科学家们在帕克号被盾牌遮挡的科学仪器尾部的各个角落都安装了热传感器。一旦传感器检测到炽热感，那一定是防热盾没遮好，帕克号就会自动调整姿势。

为了防热，只有上面的双重保险还不够。帕克号的电池板也具有冷却系统，系统中的冷却液是水。对，你没听错，是水。水从太阳能电池板背面流过时被加热，然后流进散热器时冷却，如此循环流动，能够将探测器受到的太阳辐射热量散发到太空之中。这是人类头一次在宇航器中使用此项技术设备。

这个能够与太阳"接吻"的探测器将成为人类有史以来最接近太阳的人造卫星。它将在 7 年时间里，环绕太阳 24 圈。第一次飞越近日点发生在 2018 年 11 月 5 日，距离太阳 35.7 个太阳半径，打破太阳神 2 号于 1976 年创下的距离太阳 62.4 个太阳半径的纪录。并将于 2024 年 12 月 19 日第一次近距离飞越近日点，在任务的最后几圈，最接近太阳时距离太阳表面将只有 612 万千米。

这段距离约为水星轨道半径的 1/9、地球距离太阳最近距离的 1/24、太阳半径的 8.85 倍。假如我们把地球到太阳的距离缩短到 1 米，那么帕克号距离太阳就是 0.04 米。这差不多就已经到太阳的日冕层了。所以我才会说，帕克号是与太阳接吻。

由于如此接近太阳，帕克号探测器也将成为史上最快的人造航天器。有多快呢？在告诉你具体数据之前，我们先聊聊帕克号的飞行轨道设计。帕克号探测器会按照精妙设计的大椭圆偏心率轨道，7 次飞掠金星，借助金星的引力弹弓效应调整速度。

这听上去似乎和发射空间探测器采用的普遍策略差不多。自从俄国数学家尤里·康德拉图克（Yuriy Vasilievich Kondratyuk）在 1918 年提出了"引力弹弓"的设想后，科学家便开始尝试利用行星的引力作为"跳板"实现加速，以缩短星际航行的时间。利用引力弹弓效应加速，大多数人都不陌生，尤其是在《流浪地球》上映后。但是，可能很多人不知道，引力弹弓效应不仅仅只能用来加速。

帕克号利用金星引力的目的不是加速，而是恰恰相反。为了防止探测器受太阳巨大引力的影响、一头栽进太阳大气出不来，帕克号将利用金星引力进行类似"弯道刹车"的动作，实现减速和降轨操作。

这是因为帕克号实在是快得惊人。它的预计速度最高能达到 200 千米 / 秒，远超太阳神 2 号曾经创下的 70 千米 / 秒的纪录。帕克号用这个速度只需不到 3.3 分钟即可绕地球一圈了。

值得一提的是，如此复杂精妙的轨道设计方案来自一位华裔女科学家——约翰斯·霍普金斯大学研究员郭延平博士。不仅如此，她还是 2006 年飞向冥王星的新视野号探测器的轨道设计者。实际上，在深空探测或者其他天体物理学领域，还有许许多多像郭延平博士一样的女性科学家投入其中，做出了卓越的贡献。

对于太阳物理学而言，帕克号堪称是哈勃望远镜级别的任务，是体现人类航天技术最高水准的经典科研项目之一。对我而言，帕克号更像是一名攻防有术的逐日勇士。如果说三重防热系统是帕克号防守的罗马盾牌，那么在防热系统下面那些高端大气上档次的科学仪器，则是勇士手中蓄势待发的四把"利剑"，每一把"利剑"都对应着一项重要使命。

利剑一：太阳风粒子探测仪（SWEAP）。用于收集和测量太阳风中的电子、质子、氦离子等各种粒子的方向、能量、温度、密度、速度等特性，使我们更清楚地了解太阳风里有什么。

利剑二：太阳探测广域成像仪（WISPR）。它能像医学扫描仪那样，对日冕、太阳风和太阳周围空间的激波进行三维成像。而且，前方遮挡的防热盾正好创建了一个人工日食，可以完美地捕捉最清晰、最壮丽的日冕结构。

利剑三：电磁力计（FIELDS）。它可以对穿越太阳大气等离子体的电场和磁场、无线电辐射、等离子体的绝对密度和电子温度进行直接测量。

利剑四：太阳集成探测仪（IS ⊙ IS）。用于检测太阳风中高能粒子的动力学机制，它将告诉我们这些高能粒子从哪里来、如何被加速，以及如何被传播到日光层。

三重防热系统组成的"金钟罩"，加上四把科学仪器利剑，组装成了帕克太阳探测器。探测器的外形像一个大花瓶，和一辆丰田汉兰达 SUV 差不多大。

帕克号于 2018 年 8 月成功发射，随着帕克号一起飞向太阳的，还有一张储

以太阳为背景的帕克号
太阳探测器数字模型

存着尤金·帕克照片和论文的记忆卡，以及几百万人的名单。感谢帕克号，这几百万幸运儿实现了"想飞上天，和太阳肩并肩"的愿望。

帕克号的任务寿命只有7年。

在这7年中，它将环绕太阳24圈，一圈比一圈更接近太阳。在撰写本章文稿的时候，它已经完成了头3圈的绕日飞行，3次在近日点与太阳会面。由于通信系统的优异表现，帕克号传回了22千兆的科学数据，这比之前预期的要多50%。难怪任务运营负责人尼克劳斯·平金（Nickalaus Pinkine）称赞帕克号为"出色的孩子"。2025年6月14日，帕克号预计将最后一次飞掠近日点。

在这7年里，帕克号将完成帕克老先生未竟的事业——解释日冕反常高温和太阳风加速现象的额外能量从哪里来。帕克号也会为人类揭开无数关于太阳的秘密，这些知识会让我们对恒星有更深入的认识。

正如卡西尼号坠入土星大气层、麦哲伦号坠入金星大气层那般，待燃料耗尽，帕克勇士将永远失去盾牌的保护。为太阳而生的帕克号，最终将成为太阳的一部分。

《悟空传》中有段对话耐人寻味:
"大圣，此去欲何?"
"踏南天，碎凌霄。"
"若一去不回……"
"便一去不回!"

土星环

16

朱诺号在木星
上的三大发现

木星是太阳系中体积和质量都最大的行星，将太阳和木星除外，太阳系所有其他天体加起来的质量还不到它的一半。对于大多数读者来说，木星也是一个"熟悉的陌生人"。说它熟悉，是因为木星的形象特别受艺术家的青睐，很多影视作品和书籍都把木星作为天体的代言人。比如《2001：太空漫游》《木星上行》，还有2019年年初上映的国产科幻影片《流浪地球》，其中都出现了木星。在《流浪地球》里，地球差点因为撞上它而毁灭。木星的影像特别漂亮——在棕白色的背景下，其标志性的大红斑和各种蓝色旋涡，使得木星充满了一种科幻的美感。

　　而说它陌生，是因为尽管人们已经派遣过先驱者号、旅行者号以及伽利略号等探测器去执行木星任务，但我们对于木星还是知之甚少，甚至连"木星的大气层有多厚"这个最基本的问题，我们都不知道答案。

　　2003年9月21日，伽利略号木星探测器完成了使命。一旦它与可能存在外星生命的木卫二发生碰撞就会造成污染，因此，在燃料耗尽之后，伽利略号就会以约26.7万千米/小时的速度坠入木星的大气层，燃烧殆尽。在伽利略号坠向木星的过程中，它向地球传回了最后58分钟的数据。在木星的79颗卫星中，大部分卫星的表面都是由冰构成的。按照科学家们的推测，木星的大气层应该

木星

也含有大量的水才对。但是伽利略号传回来的信号却显示，木星大气要比想象的干燥许多。那么，究竟是木星原本就是一个干燥的星球呢，还是木星大气的含水量分布不均，又或是伽利略号的数据不准确？木星的大气更类似地球形成初期的情况，如果能搞清楚木星大气中是否含水，那么对搞清楚整个太阳系的形成，乃至生命体的出现都有重要的作用。

一直等到伽利略号的继任者，也就是这一章的主角——朱诺号（Juno）抵达木星，这个问题才终于得到了解答。

在伽利略号埋骨木星的7年多后，2011年8月5日，在佛罗里达州卡纳维拉尔角发射场，第五代大力神号运载火箭携带着朱诺号探测器飞向太空。经过5年多的飞行，在2016年7月5日中午，NASA召开新闻发布会，宣布朱诺号成功进入木星轨道，这是自2003年伽利略号结束木星探测任务以后，13年来首个绕木星工作的探测器。

朱诺号一共携带了9台探测仪器，科学家们希望它能给木星做一次全身检查。在这些灵敏仪器的外面，是一个厚度达1厘米、由金属钛组成的电子保护舱。这也是NASA第一次采用辐射防护电子舱，大小相当于一辆家用SUV轿车的行李箱，朱诺号的电子设备都安装在这里，主要是为了应对木星恶劣的环境。

朱诺号与木星

木星是一个脾气不那么好的天体，浓密的大气层、随处可见的风暴、致命的高磁场，都意味着木星并不愿意向人类揭开自己神秘的面纱。探测木星，除了需要探测器自身的良好性能外，多少还是要有一些运气的。

而朱诺号的旅途也注定不平静。按照原计划，朱诺号要环绕木星轨道飞行 37 圈后，于 2018 年 2 月 20 日完成使命，而直到本章写作的 2019 年 11 月，朱诺号才刚刚完成了第 22 圈的环绕探测任务。显然，朱诺号一定发生了一些意外。

原来，NASA 在 2016 年 10 月发现朱诺号航天器燃油系统的一组阀门出现了故障。朱诺号本来要进行变轨，从环绕木星 53 天的轨道加速进入 14 天的环绕轨道，但不得不取消这项计划，保持原来的轨道进行飞行。以这样的速度环绕木星，到原计划截止日，朱诺号连一半的观测任务都完成不了。

好消息是，尽管朱诺号没有办法进行变轨，但科学家们最担心的仪器被木星高强度磁场损坏的情况却没有发生。NASA 一个独立专家小组经过评估后，认为目前朱诺号上面的探测器运行良好。在实际运行中，朱诺号受到的辐射比最初预期的要弱得多，它搭载的相机目前仍然在正常工作。因此，朱诺号将任务延期到了 2021 年 7 月，我们依然能源源不断地收到朱诺号从木星发回的各种数据。

而朱诺号也确实没有辜负人类对它的期望，一个又一个振奋人心的发现改变了我们对木星的看法。要是把朱诺号最主要的三个发现概括起来，恰好可以用三种颜色来说明，分别是红、黄、蓝。这三种颜色，分别代表了木星的三个重大发现，下面让我来逐一说明。

一、红色

要是让你联想红色与木星的关系，估计你马上就能想到大红斑。众所周知，大红斑是一个在木星大气上层，比地球直径还大的反气旋风暴。根据史料记载，人类观察大红斑的时间有400多年了[1]。但是大红斑那标志性的红色究竟是什么物质呢？我们并不知道。人们之所以对大红斑的颜色这么感兴趣，主要是为了搞清楚大红斑的气体成分组成，这有助于我们解读伽利略号最后58分钟的数据。

朱诺号的任务当然包括观测大红斑。根据2018年8月《天文学杂志》上的一篇论文[2]，朱诺号发现大红斑内部的气体可以分成三层结构。其中最深的一层气体，在云层底部大约160千米的地方，压强可以达到5个标准大气压[3]左右。在这个区域中，水的冰点就不是地球上的0℃了，而是要低于0℃。在利用红外光谱仪探测大红斑内部的最深层时，意外发现了大红斑内部蕴含着大量的水冰。根据这一结论进行推算，即使木星大气中的水含量不足木星大气成分的1%，木星所蕴藏的水量也远远超过了地球水含量，木星系统确实是非常"潮湿"的。

1　参见维基百科词条 Great Red Spot。

2　Gordon L. Bjoraker, Michael H. Wong, *The Gas Composition and Deep Cloud Structure of Jupiter's Great Red Spot*, Earth and Planetary Astrophysic, astro-ph.EP, 4 Aug 2018.

3　标准大气压（standard atmospheric pressure）：在标准大气条件下海平面的气压，值为101.325kPa。

木星大红斑

　　而更令人震惊的是，过去我们对于木星大气层深度的知识，很可能也是错的。大多数科学家都认为木星大气层的深度最多只有几百千米，再下面是一个固体核心。但朱诺号在探测大红斑时，它携带的微波辐射计（MWR）已经深入到大红斑下方 350 千米处，但似乎还没有穿透大红斑的表层。而根据朱诺号传回来的数据，木星大气层向下一直可以延伸超过 3000 千米，再下面则变成了金属氢的海洋，一直到木星的中心。所谓的金属氢，是由于木星大气层非常厚，到达一定深度后，大气压强会非常巨大，于是，氢元素不能保持稳定的分子结构，其中的质子和电子可以移动，变成一种导电物质，产生了类似金属一样的特性。而它的形态就像我们地球上的金属汞，也就是水银一样的状态。过去我们一直认为木星有一个固态的核心，但这个发现让科学家们开始怀疑这个固态核心是否真的存在，木星的核心有可能完全是由金属氢构成的。我们对于"气态行星"的定义，甚至都可能需要重新书写了。

　　大红斑的红颜色之谜，科学界也有了新的解释。根据观察，大红斑的颜色并非固定不变，有时会变成深红色，有时会变成浅红色，甚至变成白色。按照之前科学家们的推测，大红斑的红色和木星大气中的硫化物有关。但是最新的研究表明，大红斑的颜色更有可能来自木星大气中的氨和乙炔。一位名叫鲍勃·卡尔森（Bob Carlson）的科学家，在自己的实验室用紫外线辐射这种混合物，产生了与大红斑更加匹配的光谱数据。他认为当太阳光照射木星大气上层的分子的时候，甲烷分子就会断裂重新组合成乙炔，然后乙炔再向下流进由氨气组成的云层。在那里，乙炔和氨气会进行光化学反应，最终形成红色的化合物。而在木星白色背景的衬托下，大红斑的红色会显得更加明显。[1] 卡尔森的假设是否正确，可能朱诺号很快就会给出答案了。

二、黄色

黄色并不是指木星本身的颜色，而是木星的卫星木卫一伊奥的颜色。伊奥看上去是黄色的，像极了撒满葱花的鸡蛋饼，这主要是由于伊奥上充满了致命的硫化物，因此伊奥是不太可能存在生命的。朱诺号在飞临木星的过程中，也顺便观测了伊奥这颗卫星，目的是解决关于木星的另外一个谜题，那就是进入木星的高能带电粒子从何而来。

木星外核的液态金属氢产生的电流和木星的快速自转赋予了它强大的磁场，木星的磁场强度大约是地球的 14 倍，是太阳系内强度仅次于太阳的磁场源。在距离木星表面比较近的地方，由于磁场的作用形成了一个"辐射带"，这个"辐射带"里充满了高速运动的带电粒子。木星的磁场就像一把大伞，挡住了太阳风粒子的风吹雨打，甚至远在 6 亿千米之外的土星，都会受到木星磁场的"保护"。

朱诺号此次环绕木星飞行时的轨道，是经过木星南北两极的极轨道。在最接近木星的区域，朱诺号距离木星的大气层只有 4000 千米。这样的轨道设计能让它避开木星致命的等离子体环的大部分区域，但还是会在某一个时段受到木

1　Mark J.Loeffler Reggie L.Hudson, *The spectrum of Jupiter's Great Red Spot: The case for ammonium hydrosulfide (NH$_4$SH)*, Icarus, Vol 271, pp 265-268, Jun. 2016.

伊奥

星强辐射的影响。

因此，朱诺号有一个重要的任务，就是找到木星的这些高能带电粒子从何而来，并且绘制出木星的磁场地图。负责绘制、探测木星磁场强度的磁强针，被安放在一块太阳能电池板的末端。朱诺号在环绕木星探测的过程中，自身也保持着一种自旋的状态，因此可以 360° 全方位、无死角地探测到木星的磁场和高能粒子。

与科学家们预料的一样，根据传回来的数据，进入木星的高能带电粒子的最大来源并不是太阳，而是这颗黄色的"鸡蛋饼"星球。早在新视野号飞越木星时，就曾拍下伊奥上的特瓦什塔尔（Tvashtar）火山喷发的景象，它喷发出的羽流高达 300 千米。而这次朱诺号通过红外线更加精准地观测到伊奥喷发出的带电粒子流，从红外线成像图中能很清楚地看到火山活跃的区域。这些火山喷发而出的"火山灰"，每秒会将 1 吨的粒子射入木星轨道。当伊奥穿过木星等离子体环并与木星的磁场相互作用时，会在木星和伊奥之间形成一个磁流管，并在其中产生不稳定的电流。这种电流足有 40 万伏特，100 万—500 万安培，相当于几千个大亚湾核电站的机组同时运行的功率，所以科学家们形象地把这个磁场称为"行星发电机"。

朱诺号在运行第 12 圈时，需要穿过电流如此之高的磁流管区域。在此之前，还从未有探测器来过这么大电流的区域，NASA 的科学家们忧心忡忡地为朱诺号祈祷。幸运的是，朱诺号厚重的金属钛铠甲保护了里面脆弱的探测仪器。朱诺号安全地通过了磁流管区域，并且获得了非常精确的读数。

由于木星磁场的作用，进入木星的高能带电粒子会运动到木星的两极地区，形成极光，其极光形成机制与地球上极光的形成一样。木星的极光是太阳系中最明亮的极光，辐射强度可以高达100太瓦[1]。但与地球不同的是，这些极光主要集中在紫外线的波段，而不是像地球一样在可见光的波段。而与地球极光更加不同的是，朱诺号观察到木星极光主要是由木星磁场中的湍流现象[2]造成的，是交流电，而不是直流电产生的。这说明，木星表面复杂的大气运动改变了木星极光的形态。朱诺号还观察到，木星南北极的极光的形状是不同的，这与我们设想的不同。在木星的北极，极光更分散，看起来像细丝和耀斑，就像我们地球上能看见的极光一样。而在木星南极，由于受到木卫一伊奥喷射出的高能粒子的影响，极光主要呈圆形或者其他几何图形，偶尔还能看到一些亮点和类似流星一样的轨迹。

通过朱诺号的探测，我们现在已经有了一张非常详细的木星磁场分布图。每当朱诺号多运行一圈，磁场图都会变得更精确一些。当科学家们拿到这张木星磁场分布图的时候，发现了木星另一个很有趣的现象，这也就是朱诺号任务中的"蓝色"任务了。

---

1 Anil Bhardwaj, G. Randall Gladstone, *Auroral Emissions of the Giant Planets*, Reviews of Geophysics, 38(3):295-354, Aug. 2000.

2 湍流现象（turbulence）：高度复杂的三维非稳态、带旋转的不规则流动。

三、蓝色

在地球的磁场中，从磁北极向外射出的磁感线绕地球半周后，回到地球的磁南极。尽管地球的地磁极会发生偏移，甚至掉转，但地磁南北极和地理南北极还是大致重合的。但是，根据朱诺号传回来的信息，木星却不是这样。木星的磁南极有两个，除了一个在木星南极方向外，另外一个竟然在赤道附近，被科学家们称为"大蓝点"，这是木星上磁场非常集中的区域。将朱诺号的磁场数据与先驱者号、旅行者号、伽利略号所获得的磁场数据做比较，我们发现木星的磁场结构随着时间的推移而逐渐变化，这在"大蓝点"附近的区域最为明显。

为什么木星的磁场如此独特呢？2019 年 5 月发表在《自然天文学》（*Nature Astronomy*）杂志上的一篇文章[1]，给了科学家们一种解释。与地球的大气运动相比，木星的大气活动就宛如巨大的海啸。这场永不停歇的木星大气海啸以最高 1200 千米 / 小时的速度席卷整颗星球，从表面一直向下延伸到 3000 千米的大气深处。我之前提过，随着深度的增加，压力上升，气态的氢气会逐渐转变为液态金属氢，同时导致地表的温度上升，使大气内的气体发生电离活动。木星深处高速运动的电离大气风，会与原本的磁场发生相对运动，并在此过程中产生附加感应电流和磁场，从而导致原本的磁场被拉伸，从"大蓝点"扩散至整颗行星。

从磁流体动力学的角度出发，地球的内部和木星的内部差异巨大。与木星相比，地球上的大气基本不具有导电性，大气环流对地球磁场的影响没有那么强。但是，科学家们认为，磁场演化的机制从物理本质上来说其实是一致的。因此，了解木星磁场有助于揭示地球磁场的演化历史和趋势，这对于我们更加

---

1 K. M. Moore, H. Cao, J. Bloxham, *Time Variation of Jupiter's Internal Magnetic Field Consistent with Zonal Wind Advection*, Nature Astronomy, Vol 3, pages730 -735(2019).

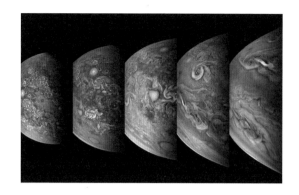

木星猛烈的大气运动

了解地球的过去与未来都有着重要的意义。

随着朱诺号轨道越来越接近木星的大气，进入辐射带范围的时间越来越长，它肯定无法永远地持续运行下去。预计在 2021—2022 年，第 35 圈运行之后，为了避免与木卫二或者其他木星卫星碰撞，朱诺号将选择以主动受控的方式坠入木星，永远消失在木星的大气层中，正如它的先辈伽利略号那样。

我们无须太过伤感。人类对于宇宙的探索是永无止境的，每一个天文项目的背后，都有一群默默无闻的人为之奋斗。在最理想的情况下，一位 NASA 的科学家一辈子最多能参与两个半的航天探索项目，而朱诺号每次令人惊讶的观测结果，都是对参与朱诺号任务的所有工作人员最大的奖赏。我们期待着朱诺号能在日后传回更多关于木星的数据，为我们解开更多包裹在层层迷雾下的谜团。

海盗 1 号
Viking

第一个成功登陆火星的探测器

- ■ 发射时间：1975 年 8 月 20 日
- ■ 抵达时间：1976 年 7 月 20 日
- ■ 退役时间：1982 年 11 月 11 日
- ■ 探测任务：探测火星上的生命信号
- ■ 特殊装备：1. 两台成像仪（VIS）：拍摄火星图像

  2. 红外光谱仪（MAWD）：监测水文

  3. 气相色谱仪 – 质谱仪（GCMS）：检测火星土壤的成分

  4. 姿态控制子系统（ACS）：确保太阳能电板始终朝向太阳，备用引擎

  5. 生物化学实验箱（BE）：探索生命现象

重要事件:

· 由于登陆点地形复杂,着陆时间从 1976 年 7 月 4 日推迟至 1976 年 7 月 20 日

· 巡航器任务时间从原定的 90 天延长了近 4 年,绕火星巡航共 1485 圈

· 任务执行期间一共发回了 5.7 万多张火星照片,进行了 4 次生命探测实验

· 着陆器在失联 24 年后,于 2006 年第一次被火星轨道探测器发现

· 在 2010 年机遇号登陆火星之前,一直保有在火星地表执行任务最长时间的纪录,
  长达 2307 天

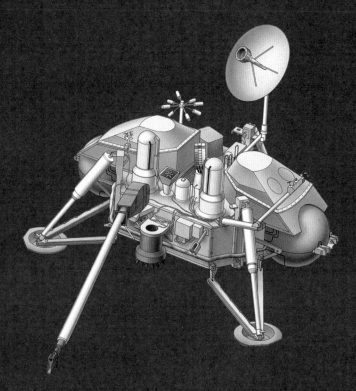

探测成果:

· 发现确凿证据证明火星在远古时期存在河床和大量地表水

· 首次成功采集到火星大气和火星土壤

2001 火星奥德赛号
2001 Mars Odyssey
最长寿的 NASA 火星轨道航天器

- 发射时间：2001 年 4 月 7 日
- 抵达时间：2001 年 10 月进入环绕火星轨道
- 退役时间：预计 2025 年
- 探测任务：探测火星地表环境全貌
- 特殊装备：1. 伽马射线光谱仪（GRS）：通过侦测中子来监测火星地表的水文和重要元素

  2. 热辐射成像系统（THEMIS）：监测火星地表的热性能，观测火星矿物质的分布

  3. 火星环境辐射探测仪（MARIE）：利用高能粒子光谱仪来监测火星的辐射环境

重要事件：

· 为 NASA 航空项目提供支持，比如为好奇号提供数据传输和选定着陆地点
· 火星巡航近 20 年，收集到的火星数据是历史之最

探测成果：

· 2002 年，发现火星地表下含有大量的氢气及火星赤道地区存在大量水冰
· 为 NASA 在 2008 年发布的火星浅层地表水文分布图提供数据支持

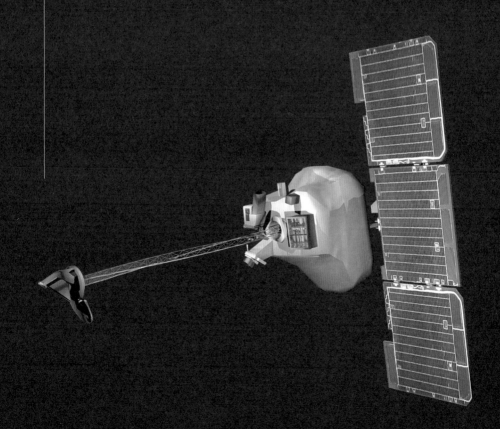

凤凰号
Phoenix

NASA 第一个低成本火星探测器

- 发射时间：2007 年 8 月 4 日
- 抵达时间：2008 年 5 月 25 日在火星北极成功着陆
- 退役时间：2008 年 11 月 2 日
- 探测任务：研究火星水表的历史变化，以推测火星气候变化，评估火星极地的宜居
  程度
- **特殊装备：**1. 机械臂（RA）：可挖取火星土壤样本，挖掘深度为 0.5 米
  2. 表面立体成像仪（SSI）：高分辨率成像仪，用以拍摄火星环境
  3. 热与蒸发气体分析仪（TEGA）：加热并分析火星土壤的成分
  4. 火星下降成像仪（MARDI）：在下降过程中拍摄火星表面
  5. 显微镜电化学与传导性分析仪（MECA）：检测土壤的元素成分并
  拍摄
  6. 气象站（MS）：实时记录火星每天的天气状况
  7. 4 个湿化学实验室（WCL）：内部装满水，用于分析火星土壤的
  成分

重要事件：

· 第一个由公立大学（亚利桑那大学）主导的航空项目，也是 NASA 低成本航空项目的先行者，造价仅 4.2 亿美元
· 凤凰号是第一个在火星极地着陆的航空器
· 携带的"凤凰 DVD"是第一个被送上火星的人类文明图书馆，收录 25 万个人类文化档案，包括卡尔·萨根和阿瑟·克拉克的作品
· 由于太阳能电池板接收不到太阳能量，凤凰号比预期提前停止了工作

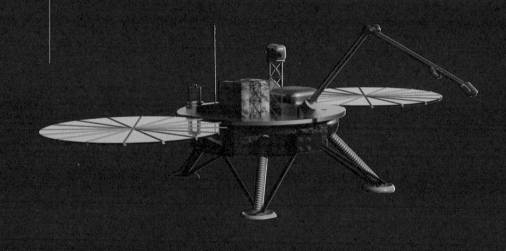

探测成果：

· 2008 年 5 月 31 日，机械臂挖掘出了 6 盎司的火星土壤
· 发现火星极地地表下含有丰富的水冰
· 对土壤和冰样本进行实验，发现土壤中含有碳酸氢盐、氯化物、钠、钾盐、钙、硫酸盐和高氯酸盐
· 检测了地表 20 千米以上的大气层，观察火星大气的构成和运动

好奇号
Curiosity
最大的火星着陆探测器

- 发射时间: 2011 年 11 月 26 日
- 抵达时间: 2012 年 8 月 6 日
- 退役时间: 暂未确定
- 探测任务: 火星是否具备适合微生物生存的环境
- 特殊装备: 1. 移动系统（mobility system）：配备有 6 个直径达 50 厘米的车轮，可以翻越最高 75 厘米的障碍物，最大时速 90 米

  2. 放射性同位素动力系统（RPSs）：从钚-238 放射性衰变的热量中产生电能，可以在任何环境中提供稳定动力

  3. 排热系统（HRS）：让设备在-127℃到 40℃的火星环境中保持恒温

  4. 高能激光枪（infrared laser）：在"长脖子"的位置，能击打并汽化岩石

  5. 17 个不同用途的摄像头：包含 8 个 HazCams（3D 成像），4 个 NavCams（专门用于地表摄像），2 个 MastCams（多光谱、高保真成像），1 个 MAHLI（微观成像），1 个 MARDI（着陆过程成像）和 1 个 ChemCam（用于土壤元素的成像），全方位拍摄火星地表

重要事件:

· 好奇号携带了有史以来最大规模、最先进的研究设备进入火星
· 好奇号利用降落伞着陆火星地表,一触地就开始工作,这是有史以来第一次使用这种方式

探测成果:

· 2013 年 3 月,发现盖尔陨石坑的地质条件曾经适合微生物生存的证据
· 2019 年 6 月,探测到了最高浓度的甲烷气体含量(21ppb)
· 拍摄到大量火星日偏食的照片
· 测算出火星表面土壤的含水量为 2%
· 发现夏普山由数百万年前的大型河床的沉积物累积、风化而成

洞察号
InSight
第一个探测地外行星内部结构的探测器

- 发射时间: 2018 年 5 月 5 日
- 抵达时间: 2018 年 11 月 27 日
- 退役时间: 预计 2020 年年底
- 探测任务: 通过探测火星的内部结构来发现岩石行星的成因
- 特殊装备: 1. 两颗迷你卫星（MarCO）: 与洞察号一同进入行星空间，在洞察号着陆后，将远距离遥测结果发回地球

  2. 内部结构地震实验仪设备（SEIS）: 探测火星地震活动，提供行星内部的完整图像

  3. 热流和物理属性探测仪（HP^3）: 能挖掘到火星地表以下 2 米深的地方，用以探测火星早期地质演化

  4. 自转和内部结构试验探测设备（RISE）: 利用探测器的通信系统精准测量火星的自传，并探查火星的内部结构和组成成分

重要事件:

· 由于设备 SEIS 发生真空泄漏,发射时间由原定的 2016 年 3 月推迟
  到 2018 年
· 在发射之前,一张含有 160 万个人名的芯片被嵌入航空器

探测成果:

· 2019 年,在火星上挖了个 5 米深的洞
· 同年,好奇号发现了未知的磁脉冲

旅行者 1 号
Voyager 1
第一个飞入星际空间的太空探测器

- 发射时间：1977 年 9 月 5 日
- 抵达时间：2012 年 8 月 25 日
- 退役时间：预计 2025 年
- 探测任务：探索太阳系以外的宇宙
- 特殊装备：1. 飞行姿态与连接控制子系统（AACS）：确保探测器天线始终对准地球

  2. 放射性同位素热电发生器（RTGs）：配有 24 个钚-238 氧化物球，可以提供动力至 2025 年

  3. 三轴磁通门磁力仪（MAG）：监测木星和土星的磁场，以及太阳风对二者的影响

  4. 宇宙射线系统（CRS）：检测星际宇宙射线的起源、变化和构成

  5. 等离子波子系统（PWS）：测量木星和土星的电子密度分布、局部波粒的相互作用和磁层

  6. 地球之音（Golden Record）：录制了各种人类音像信息，可保存 10 亿年

重要事件：

· 1977 年 12 月 10 日进入小行星带，于 1978 年 9 月 8 日离开

· 1979 年 1 月 6 日开始观测木星，于 1979 年 4 月 13 日结束观测

· 1980 年 8 月 22 日开始观测土星，于 1980 年 11 月 14 日结束观测

· 2012 年 8 月 25 日离开太阳系，进入星际空间，到目前为止运行时间已经超过 43 年

· 飞掠了木星、土星、土星最大的卫星泰坦星，发回了大约 5 亿个数据

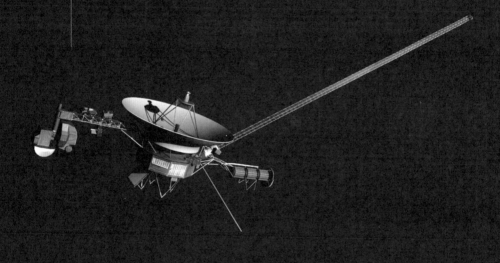

探测成果：

· 发现木星卫星伊奥上活跃的火山活动，这是在地球以外第一次发现的火山喷发

· 首次发现木星的行星环、大红斑，以及木星的卫星欧罗巴和盖尼米得

· 发现泰坦星的上层大气中含有 7% 的氦气，其余都是氢气

· 发现土星上有极光一样的紫外光线

卡西尼号
Cassini

迄今最大型的国际合作行星探测器

- 发射时间: 1997 年 10 月 15 日
- 抵达时间: 2004 年 7 月 1 日
- 退役时间: 2017 年 9 月 15 日
- 探测任务: 探测土星环及土星卫星
- 特殊装备: 1. 等离子体分光计（CAPS）: 探测土星的电离层和磁场

    2. 宇宙尘埃分析仪（CDA）: 探测土星附近的宇宙尘埃

    3. 82 个放射性同位素加热器（RHU）: 利用放射性同位素获取能量的发电装置

    4. 惠更斯号探测器（Huygens）: 登陆并探测泰坦星

重要事件：

- 一共有 17 个国家参与"卡西尼"计划，领衔的是美国国家航空航天局（NASA）、欧洲航天局（ESA）和意大利航天局（ISA）
- 卡西尼号的飞行路线极为漫长，用时 6 年 8 个月，长达 35 亿千米，但大大节省了燃料
- 2005 年 1 月 14 日，惠更斯号成功着陆泰坦星
- 2017 年 4 月 22 日卡西尼号开始最后一圈轨道航行，4 月 26 日开始最后的任务，首次在土星和土星环之间穿越
- 卡西尼号 52 次飞掠 7 颗土星卫星，45 次近距离（950 千米）飞跃泰坦星

探测成果：

- 拍摄了土星大家族全面、完整的影像
- 在泰坦星的大气中发现丰富的氮，在北半球发现碳氢化合物的湖泊
- 发现恩克拉多斯表面的水蒸气羽流喷发物和羽流中的氢，在恩克拉多斯南极附近发现深达 10 千米的冰下海洋
- 拍摄到金星从土星环穿过的罕见画面

新视野号
New Horizons
速度最快的太空探测器

- 发射时间: 2006 年 1 月 19 日
- 抵达时间: 2015 年 7 月 14 日
- 退役时间: 预计 2021 年
- 探测任务: 探测冥王星、冥卫一卡戎和柯伊伯带的小天体
- 特殊装备: 1. 可见－红外成像光谱仪（Ralph）: 提供彩色、组分、热成像等图像

  2. 紫外线成像光谱仪（Alice）: 分析冥王星的大气组成

  3. 放射性实验仪（REX）: 确保探测器的信号传输

  4. 远程勘测成像仪（LORRI）: 拍摄高解析度图像

  5. 太阳风测量仪（SWAP）: 监测太阳风，以及大气逃逸粒子和太阳风的相互作用

  6. 高能粒子频谱仪（PEPSSI）: 测量从冥王星大气逃离的粒子

  7. 宇宙尘埃分析仪（SDC）: 测量新视野号在穿越太阳系时遭遇的宇宙尘埃

重要事件：

- 2006 年 5 月，新视野号进入小行星带，并于同年 6 月拍下小行星照片
- 2007 年 3 月 5 日，新视野号在观测完木星后进入休眠，休眠期长达 1873 天，直到 2014 年 12 月 8 日才被唤醒
- 2016 年新视野号开始在柯伊伯带中穿行，观测小天体
- 2019 年，新视野号离开太阳系

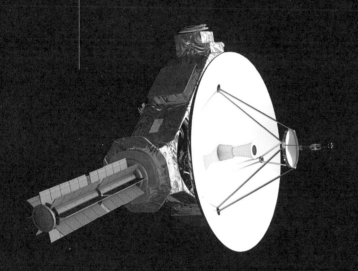

探测成果：

- 发现冥王星表面的"完美之心"：斯普特尼克平原，并确认这是一个氮冰冰川
- 发现冥王星活跃的地质运动和大气层中的同心雾层
- 首次拍摄到卡戎全景
- 飞越了人类研究过的最遥远的天体——天涯海角，这也是已知的第一个密接双星

嫦娥四号
Change-4 Probe
第一个在月球背面着陆的航天器

- 发射时间：2018 年 12 月 8 日
- 抵达时间：2019 年 1 月 3 日
- 退役时间：2020 年
- 探测任务：月球背面软着陆，深入探测月球背面环境
- 特殊装备：1. 低频射电频谱仪（LFS）：研究太阳爆发和着陆区上空的月球空间环境，观测来自太阳系行星的低频射电场

    2. 红外成像光谱仪（VNIS）：分析月壤元素和矿物类型

    3. 中子与辐射剂量探测仪（LND）：探测着陆区的辐射剂量

    4. 中性原子探测仪（ASAN）：研究太阳风与月表相互作用机制、月表逃逸层的形成和维持机制

重要事件：

- 2019 年 1 月 3 日，获取了世界上第一张近距离拍摄的月背影像并发回地球
- 2019 年 1 月 11 日，着陆器和巡视器互拍影像图，图像清晰显示出五星红旗
- 首次在月背探测到了原生橄榄石
- 2019 年 1 月 15 日，完成了人类历史上第一次在月面进行的生物生长培育实验，棉花种子成功长出嫩芽

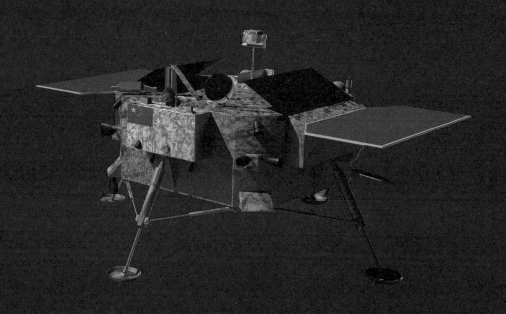

探测成果：

- 发现月球背面存在以橄榄石和低钙辉石为主的深部物质

帕克太阳探测器
Parker Solar Probe
第一个飞入太阳日冕的探测器

- 发射时间：2018 年 8 月 12 日

- 抵达时间：2018 年 11 月 5 日抵达近日点

- 退役时间：预计 2025 年

- 探测任务：穿越太阳大气层，深入探索日冕和太阳风

- 特殊装备：1. 电磁力计（FIELDS）：直接测量穿越太阳大气等离子体的电场和磁场、无线电辐射、等离子体的绝对密度和电子温度

    2. 太阳探测广域成像仪（WISPR）：对日冕、太阳风和太阳周围空间的激波进行三维成像

    3. 太阳风粒子探测仪（SWEAP）：收集和测量太阳风中各种粒子的方向、能量、温度、密度、速度等信息

    4. 太阳集成探测仪（IS⊙IS）：检测太阳风中高能粒子的动力学机制

    5. 热防护系统（TPS）：直径 2.43 米、厚 11.4 厘米的防热盾，可使背后的科学仪器在 1400℃高温的环境里始终处于 30℃左右的室温内

重要事件:

· 2018 年 10 月 3 日第一次飞跃金星,最后一次飞跃金星预计在 2024 年 11 月

· 2018 年 11 月 5 日第一次抵达近日点,最后一次抵达近日点预计在 2025 年 6 月

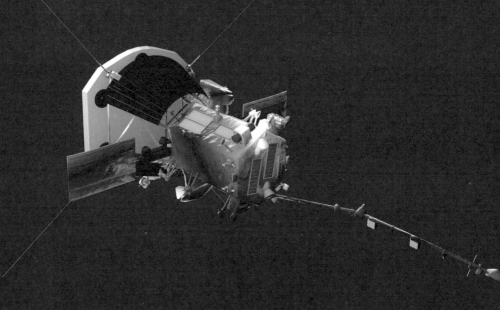

探测成果:

· 2020 年 7 月,拍摄到 NEOWISE 彗星,清晰显示彗星的双彗尾

草帽星系

17

与拉玛相会

1972 年，被喻为 20 世纪科幻小说三巨头之一的阿瑟 · 克拉克出版了科幻小说《与拉玛相会》，这部小说一经问世就在科幻圈引起了轰动。继《2001：太空漫游》后，克拉克硬科幻的魅力在这部小说中再次展现得淋漓尽致。1973 年的星云奖、1974 年的雨果奖在几乎没有悬念的情况下，颁给了《与拉玛相会》。

　　这个故事是这样的：公元 2130 年，一个小天体突然闯入太阳系，当它被地球上的小行星预警系统发现时，已经接近木星轨道。进一步的观测令全世界震惊——这个小天体是一个长 50 千米、宽 20 千米的圆柱体，就像一节巨大的五号电池，来自太阳系外，直奔太阳飞去。人们以印度教中一位神的名字把它命名为"拉玛"。

　　拉玛的外形、运行轨迹、表面反射率等都表明，这很可能不是一个自然天体，而是一艘外星智慧文明建造的飞船。于是，人类派出了考察船西塔，成功地与拉玛相会。它果然是一艘外星文明飞船，因为人类宇航员打开了拉玛的"舱门"，进入了拉玛的内部。

　　拉玛的内部有着令人惊叹的复杂结构，就像数个迷宫般的巨大城市以管道互相联结，冷傲地向人类展示着这个文明的高度。然而，这似乎是一艘幽灵飞船，除了寂静的建筑物外，没有任何灯光，也没有任何活物的迹象。人类宇航员对拉玛内部进行了详尽的考察，除了一次又一次的惊叹外，我们没有得到任何更有价值的东西。

拉玛义无反顾地冲向太阳，速度越来越快，所有计算都表明，拉玛将像飞蛾扑火一样被太阳的烈焰吞噬。可是，拉玛再一次震惊了人类，它以 2000 千米/秒的速度在距离太阳极近的地方拉出一条优美的弧线，就像一只飞鸟高速俯冲到水面饮了一口水，又轻巧地飞离水面。在吸饱了太阳的能量后，拉玛朝着大麦哲伦星云（Large Magellanic Cloud，LMC）的方向飞出黄道面，一去不复返。

此时的人类终于明白过来，拉玛来到这样靠近太阳的地方，只是为了汲取能量，使它能以更快的速度飞向未知的目标。而人类对它的小小骚扰似乎引不起它的任何兴趣，它用自己的沉默表示了对人类这种低等文明的轻蔑。

现在，请大家从科幻小说的情节中走出来，我们回到现实。有时候，真实的宇宙带给我们的震撼一点也不亚于科幻小说。

2017 年 10 月 19 日晚上，位于夏威夷毛伊岛上哈雷阿卡拉天文台（Haleakala Observatory）的泛星 1 号望远镜打开圆顶，开始了巡天观测。泛星计划的一个重要目标就是监测近地小天体，寻找有可能给地球带来天地大冲撞的危险天体。这天晚上，夏威夷大学天文系的罗伯特·威里克（Robert Weryk）博士坐在了电脑前，开始工作。可能与大家想的不一样，现代的天文学家基本不再需要用眼睛凑到望远镜的目镜中观看。天文观测早已经变得完全自动化，威里克只需要打开电脑，一边喝咖啡，一边等着电脑上出现提示信息即可。

很快，电脑提示出现了一个可疑的近地天体。这很正常，因为这样的消息几乎每天晚上都有很多。威里克开始比对之前的观测数据，计算这个天体的运行轨道，当计算结果出来后，他揉了揉自己的眼睛，有点不敢相信。天哪，如果不是哪里弄错的话，这个小天体是来自太阳系以外的闯入者，威里克马上就想到了拉玛，这可是人类历史上从未发生过的事件。他迅速地又验算了几遍，没有发现任何错误。

威里克尽量克制着自己激动的心情，立即按照规定流程把此天体的信息提交给了国际天文学联合会下属的小行星中心，看到消息的所有人都跟着激动了起来。接下来的几天，威里克又利用更大口径的加法夏望远镜（CFHT）对这个小天体进行追踪观测。没错，这个小天体的运行轨迹是一条罕见的双曲线轨道，偏心率达到了惊人的 1.19，这是目前已知的最高纪录。只有一个可能：人类历史上第一个来自太阳系外的小天体被发现了。

于是，地球上几乎所有的大型天文望远镜都把镜头对准了它。尽管已经做足了迎接更多新发现的心理准备，但随后的发现还是掀起了一波又一波的惊呼，谜团也是一个接一个。

在发现这个小天体的 6 天后，10 月 25 日，小行星中心通过电子公告的形式正式宣布了这一发现，并给了它一个临时的编号：C/2017 U1。这里的 C 表示彗星的意思。然而，就在同一天，欧洲南方天文台的甚大望远镜（VLT）否定了这是一颗彗星的猜测，因为它没有彗星必备的彗发[1]和其他任何彗星活动迹象，这是一个表面呈现暗红色的岩石或者金属天体。于是，小行星中心决定更改临时编号中的 C 为 A，表示这是一颗小行星。

准确的轨道计算出来了，该天体大致来自天琴座（Lyra）方向，在被发现的一个多月前，也就是 2017 年 9 月 9 日，经过近日点，到太阳的距离仅为 0.255 天文单位，比水星离太阳近得多，这个距离相当于地球到月球距离的 10 倍，这在天文尺度上，就是贴着太阳飞过了。换句话说，它目前正在朝着远离地球的方向飞去。

不过，真正令人惊讶的发现是对它光度变化的观测。在天文观测中，记录观测目标的亮度变化非常基本，也非常重要，天体的亮度变化会透露出许多重要信息。这个太阳系外来客一经发现，就引起了国际天文界的高度重视，很多台大型天文望远镜都开始记录它的光度变化。观测证实，它每隔 7.3 小时就会有

---

1 彗发（coma）：环绕在彗核周围的云状物，是彗核的蒸发物。

奥陌陌

高达 10 倍的亮度变化，简直就像太空中的一盏手机呼吸灯。

这说明了两个重要特征：

第一，它有 7.3 小时的自转周期。这个应该不难理解吧，小天体自己不发光，它的周期性光度变化只能来自天体本身的自转。

第二，我们可以根据光变周期推测它的形状。不知道这一点你能不能想明白。什么样的形状在转动的时候会导致反射到地球上的光亮度不同呢？假如目标是一个完美的球体，那么转动不会导致任何光度变化。只有当它不是一个球体，在转动的时候，从地球上看到的反射面积才会发生变化。10 倍的光度变化，说明这个小天体的长宽比是 10∶1，它的长度是宽度的 10 倍。这是一个什么形状呢？对，一根细长的雪茄形状。这个小天体是一根"翻着跟头"飞行的长雪茄。

这是一个令天文学家们感到吃惊的形状，因为形状不规则的小天体很常见，但是长宽比能达到 10∶1 的小天体，我们从未发现过，太奇葩了。

不过，随后对小天体更精密的轨道计算震惊了天文学家。作为一个越来越严谨的科普作者，我现在轻易不会使用"震惊"这个词，但这个发现确实是震惊了天文学家。

人类历史上的首个太阳系外天体自然受到了天文学界的最高礼遇。除了绝大多数地面的大型望远镜，哈勃太空天文望远镜也立即改变原来的观测计划，将镜头对准了它。要知道，这个小天体的速度超过了第三宇宙速度[1]，它将飞出太阳系，再也不可能回来。这么小的天体，亮度在迅速地衰减，很快就会超出人类所拥有的观测能力。所以我们必须分秒必争，抓紧时间观测。

以天文学家凯伦·珍·米奇（Karen Jean Meech）为首的一个国际联合小组，用哈勃望远镜对它进行连续的追踪观测，计算机一刻不停地绘制它的精确运动轨迹。我们知道，假如一个没有任何动力来源的小天体在万有引力的作用下运动，它的运动轨迹必然严格遵循牛顿力学计算出来的轨道。但是，这个小天体的运行轨道却大大地出人意料，它没有遵循经典力学轨道，必须加入一个非常大的非引力项才能解释它的运行，这意味着该小天体需要有额外的动力来源。你没有看错，哈勃望远镜的观测表明，我们有几乎百分之百的把握说，这个小天体必须有一个类似"喷气引擎"一样的动力装置，否则无法解释它奇怪的飞行轨迹。在科学中，我们用置信度来表示一个结论的可靠程度。这个结论的置信度达到了惊人的30σ（西格玛）[2]。要知道，3σ的置信度就相当于有99.7%的把握，那30σ意味着置信度已经爆表，普通的计算软件根本无法算出小数点后面有多少个9了。

听到这里，请你丝毫不要怀疑我的科普严谨性，我讲的东西和《飞碟探索》杂志中的那些奇闻异事有着本质的不同。

其实，太空中已知的拥有天然引擎的小天体并不是没有，彗星就是。大家知道，彗星在靠近太阳的时候，就会产生彗尾，它是彗核的喷发物质形成的。彗尾就好像是彗星的天然引擎，会给彗星提供源源不断的额外动力。因此，在

---

1 第三宇宙速度（Third Cosmic Velocity）：当从地球起飞的航天器的飞行速度达到16.7千米/秒时，无须后续加速就可以摆脱太阳引力的束缚，脱离太阳系进入更广袤的宇宙空间。从地球起飞脱离太阳系的最低飞行初速度就是第三宇宙速度。

2 Abraham Loeb, Shmuel Bialy, *Could Solar Radiation Pressure Explain 'Oumuamua's Peculiar Acceleration?*, The Astrophysical Journal Letters, 868(1), Nov.

彗星带有彗尾

计算彗星的运行轨迹时，就必须加入一个非引力改正项。但问题是，这个来自太阳系外的小天体不是彗星啊，欧洲南方天文台的甚大望远镜用很深的叠加影像表明，它没有任何彗星的特征，没有丝毫的彗尾迹象。

2017 年 11 月 6 日，发现小天体的 17 天后，国际天文学联合会决定专门为这个来自太阳系外的小天体新增加一个前缀编号"I"，也就是 interstellar object 的首字母，意思是"星际天体"。这个小天体被正式命名为 1I/2017 U1，第一个数字"1"表示它是人类历史上第一个该类型的天体。同时，国际天文学联合会还给它起了一个便于传播的昵称，以夏威夷当地的土语命名为"'Oumuamua"，意思是"第一位来自远方的使者"。11 月 25 日，中国科学技术名词审定委员会经过讨论，决定采用国家天文台星系宇宙学部副主任陈学雷研究员提出的"奥陌陌"为其正式中文译名[1]。"奥秘"的"奥"，"陌生"的"陌"，可以说非常传

1 苟利军，《奥陌陌：太阳系外的神秘访客》，https://nadc.china-vo.org/。

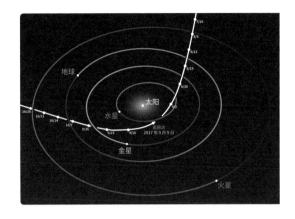

奥陌陌的行动轨迹

神贴切。

　　2017 年 11 月，在顶级学术期刊《自然》杂志上，米奇、威里克等共同发表了发现奥陌陌经过的论文，论文标题是《一个极其细长的暗红色星际小行星短暂造访》。毫不夸张地说，从那时起直到现在，奥陌陌都是天文圈的热门话题，如果今天你才第一次看到有关奥陌陌的故事，这只能说明你还不算天文爱好者。千万不要以为故事讲到这里就完了，奥陌陌的精彩故事还远没有结束。

　　一个巨大的谜团正困扰着人类所有的天文学家：既然不是彗星，为什么奥陌陌会有额外的动力源呢？或许你跟我一样，马上就想到了克拉克笔下的拉玛。40 多年前，伟大的科幻小说大师创造了来自太阳系外的智慧文明飞船拉玛，莫非，真的被大师言中了？遗憾的是，克拉克 2008 年以 90 岁高龄去世了，没能看到奥陌陌出现在太阳系，否则我很担心老人家会不会过于激动，身子骨撑不住。

　　整个 2018 年，天文学界关于奥陌陌的讨论和争论就没有停止过，有很多人提出了外星飞船的假说。但这种假说太过惊人，当然也会有大量的反对者。到了 2018 年 11 月，美国著名的天文学学术期刊《天体物理学杂志通讯》

（*Astrophysical Journal Letters*）刊登了一篇引起轰动的论文，标题是《是否能用太阳光帆飞船来解释奥陌陌的奇特加速度》[1]。说实话，引起轰动的并不是这个猜想，而是这篇论文第一作者的身份。

他就是大名鼎鼎的哈佛大学天文系主任，同时也是著名的哈佛－史密森天体物理学中心理论和计算研究所主任，全世界知名的天文学家亚伯拉罕·勒布（Abraham Loeb）教授。他领导的研究团队提出，奥陌陌的奇特运动轨迹或许可以用光帆飞船来解释。

光帆也叫作"太阳帆"，原理是利用太阳风或者光压来提供动力，虽然能提供的加速度非常微小，但因为作用的持续时间可以非常长，所以能够累积非常可观的效应。

我阅读了勒布教授的原始论文，整篇论文基本上以数学计算为主。他假设奥陌陌的额外加速度是由太阳帆提供的，根据已经获得的奥陌陌的所有观测数据，计算是否有可能存在这样的太阳帆。最终，他的计算结果是，假如能够制造出一种密度在每平方厘米 1—3 克，承重强度大约为每平方厘米 0.1 克的材料，就能够利用太阳辐射产生与奥陌陌的观测数据相符的动力源，这并不是超出人类认知水平的材料。勒布教授推测，奥陌陌的光帆厚度在 0.3 毫米到 0.9 毫米。勒布教授的这个计算同样适用于人类制造光帆飞船。在论文的最后，勒布教授写道："奥陌陌可能是一个由外星文明特意向地球附近发射的、完全可操作的探测器。"

这可是哈佛大学天文系主任、当今世界最著名的天文学家之一写出来的结论。不出所料，勒布教授的论文一出，天下哗然，奥陌陌再次成为刷屏新闻，

---

1 Abraham Loeb, Shmuel Bialy, *Could Solar Radiation Pressure Explain 'Oumuamua's Peculiar Acceleration?*, The Astrophysical Journal Letters, 868(1), Nov. 2018.

连新华社也对勒布教授做了专访[1]。

当然，尽管勒布教授的名气很大、身份很高，但科学精神强调的是质疑精神，科学界也从来不会迷信某个著名科学家。勒布教授如此惊人的主张当然也会遭到最严苛的质疑，于是各种各样的质疑声从四面八方涌来。比如，有人提出，既然奥陌陌需要一张巨大的光帆，那为什么在望远镜中看不到呢？我没有查到勒布教授本人的公开回应，但是有其他人回应说，这不难解释，这张光帆的辐射吸收率太好，所以几乎没有反射光，人类的望远镜看不到也不奇怪。

热热闹闹的争论一直持续了大约半年，直到 2019 年 7 月 1 日，《自然》杂志的《天文学》子刊发表了一篇重量级的论文[2]，而这篇论文的作者正是国际空间科学研究所的奥陌陌小组（The 'Oumuamua ISSI Team）。这个小组一共有 14 名成员，来自世界各地，他们就是为了研究奥陌陌而专门成立的科学共同体，可以说，这是到目前为止最权威的奥陌陌研究团体。这篇论文的标题是《奥陌陌的自然演化史》，大家可能从论文的标题看出来了，他们并不支持"奥陌陌是外星人飞船"的观点，而认为奥陌陌是自然演化的产物。

论文很长，正文 10 页，引用的文献资料多达 96 篇。可以说，这是迄今为止对奥陌陌最全面的一次综述，代表了目前天文学界对首次出现在太阳系的星际天体的认知程度。

这篇论文的结论部分：

作为太阳系的第一个星际访客，奥陌陌挑战了很多假设，比如我们对另一个恒星系的小天体的外观所做的很多猜想。虽然奥陌陌带出了许多引人入胜的问题，但我们已经证明，只要假设"奥陌陌只是一个自然物体"，每个问题就可

---

1 谭晶晶，《专访：外星文明的"使者"来了吗？——访哈佛大学天文系主任勒布》，新华网，2018 年 11 月 8 日。

2 The 'Oumuamua ISSI Team, *The Natural History of 'Oumuamua*, Nature Astronomy volume 3, pages594‑602(2019).

以得到解答。目前来说，只要你对太阳系的小天体和行星有足够深入的了解，就能明白，"奥陌陌可能是人造物体"的这个结论是不合理的。

不过，我相信大家跟我一样，最关心的肯定不是有关星际天体如何起源的理论，尽管这占了整篇论文绝大部分的篇幅。对我们这些喜欢科学的吃瓜群众来说，最感兴趣的肯定还是这篇论文到底是如何批驳哈佛大学勒布教授的观点的。

首先，奥陌陌之所以会被认为是外星飞船，最重要的就是它奇特的运动轨迹。换句话说，到底是什么给它提供了额外的动力。该论文给出了两种可能的解释：

第一种解释：奥陌陌喷出的是大颗粒尘埃物质，而这种大颗粒尘埃物质以人类现有的技术观测不到。论文还举了两颗长周期彗星的例子，说明由于某些未知的机制，长周期彗星就能喷发出在可见光波段无法检测的尘埃。

第二种解释：与彗星喷出的水汽不同，奥陌陌喷出的有可能是一氧化碳或者二氧化碳。这两种气体我们的望远镜很难看到。

接着，论文又给了勒布教授的光帆假说以致命一击。论文认为，光帆假说有一个致命的漏洞，那就是光帆的朝向问题。为了与观测数据相符，奥陌陌的光帆需要与太阳保持适当的朝向。然而，奥陌陌的亮度变化表明，它同时绕着自己的长轴和短轴旋转。论文的计算表明，没有任何一种光帆的朝向，可以符合奥陌陌的实际观测数据。

论文的最后一部分指出，尽管奥陌陌符合自然天体的特征，但也依然有一些问题有待进一步的研究。这些问题包括：奥陌陌的形状为什么能这么细长？它的旋转方式为什么是现在这样的？它到底来自哪个具体的恒星系？

此时，奥陌陌正孤独地飞行在土星轨道与天王星轨道之间，预计2022年将越过海王星轨道，再也不会回头。它就像拉玛一样，静悄悄地来，又静悄悄地走，留下一堆疑问给好奇的人类。

一个好消息是，人类观天的又一个神器——大型综合巡天望远镜（LSST）

预计将于 2022 年全面投入运营，预计它每年都将发现一个类似奥陌陌这样的星际天体。因此，我们很快就能搞明白奥陌陌的这些特性到底是普遍的还是罕见的。奥陌陌的故事剧情是否会再次反转呢？

我觉得反转的可能性完全存在，我也会像追美剧一样，始终关注有关奥陌陌和星际来客的消息，这一切都是正在进行时。

讲完了奥陌陌的故事，本书也就告一段落了。我最大的心愿是，本书能够让从来没有心情仰望星空的你，偶尔也能在繁华喧嚣中想一想。我们来到这个世界上，只有一次生命，除了眼前的苟且，别忘了，还有头顶的星空。

后记

如果看完这本书你觉得不过瘾，很想亲眼看看书中提到的很多东西和地方，你可以在微信小程序"科学声音"中搜索"太阳系新知"，就可以找到跟本书配套的视频版。

本书的前九章和最后一章是由我本人独立完成创作，其他章节是在我的带领下由"科学声音科普写作训练营"第一期的学员们集体创作的。其中第 10 章、第 11 章由董轶强执笔，第 12 章由汤振凡执笔，第 13 章、第 14 章由刘菲桐执笔，第 15 章由石依灵执笔，第 16 章由何慧中执笔。但这些章节都经过了我的最终统一修订，以保持整体文字风格统一。

对我来说，比创作一本科普书更值得开心的事情是能带领更多的人投入到科普创作中来。很多人都有一个误区，认为只有科学家或者只有理工男才能写科普文章。我认为这个观念是完全错误的。在我前面提到的写作训练营的那些学员中，既有理科生，也有文科生，很难说他们谁比谁更有优势。写好科普文章，重要的并不是大学的专业，而是一个人的科学精神。不管是文科生还是理科生，都可以具备科学精神。在科学精神的指引下，人人都可以写出好的科普文章。原因其实并不难理解，任何向大众传播的科学知识，都可以通过正常的学习来获得。只要掌握了文献检索的技能，加上判断信源好坏的基本知识，任何学科的知识都是可以学习的。大学本科不过四年，研究生不过三年，而每个人在毕业后，还有几十年的人生，过了二十几岁的年龄同样可以学习任何知识。

我希望自己能成为
一个终身学习者。

　　这本书现在叫《太阳系简史》，可是，我们都清楚，在我写完这本书之后的每一分每一秒都将成为新的历史。所以，很快，这本书中的一切都将成为"旧史"，因为人类对太阳系的探索不会停止。在未来，太阳系中一定还会有许许多多令我们感到震惊的新发现。我也会始终关注每一年的太阳系探索活动，当新的历史增长到一定程度时，我希望能够继续为你讲述太阳系的探索简史，咱们后会有期。

汪诘

上海莘庄

2020 年 07 月 08 日

图书在版编目（CIP）数据

太阳系简史 / 汪诘著 . —杭州：浙江教育出版社，
2020.12
ISBN 978-7-5722-0936-9

Ⅰ . ①太… Ⅱ . ①汪… Ⅲ . ①太阳系－普及读物
Ⅳ . ① P18-49

中国版本图书馆 CIP 数据核字（2020）第 201128 号

责任编辑 赵露丹		**美术编辑** 曾国兴	
责任校对 董安涛		**责任印务** 沈久凌	
产品经理 阿 竹		**特约编辑** 夏 冰	

太阳系简史
TAIYANGXI JIANSHI

著者	汪 诘
出版发行	浙江教育出版社
	（杭州市天目山路 40 号 电话：0571-85170300-80928）
印 刷	天津丰富彩艺印刷有限公司
开 本	700mm×980mm 1/16
成品尺寸	166mm×235mm
印 张	16
字 数	233000
版 次	2020 年 12 月第 1 版
印 次	2020 年 12 月第 1 次印刷
标准书号	ISBN 978-7-5722-0936-9
定 价	62.00 元

如发现印装质量问题，影响阅读，请与本社市场营销部联系调换。
电话：0571-88909719